Jürgen Werner / Ulf Tödter

Konflikt-management

Prävention – Intervention – Konfliktlösung

Cornelsen

Verlagsredaktion:
Ralf Boden
Layout und technische Umsetzung:
Verena Hinze, Essen
Umschlaggestaltung:
Gabriele Matzenauer, Berlin
Titelfoto:
© fotalia, Yuri Arcurs

Informationen über Cornelsen Fachbücher und Zusatzangebote:
www.cornelsen.de/berufskompetenz

1. Auflage

Druck: H. Heenemann, Berlin

ISBN 978-3-589-24028-9

Inhalt gedruckt auf säurefreiem Papier aus nachhaltiger Forstwirtschaft.

Über dieses Konflikt-Buch

Kennen Sie das? Nach einer lautstark geführten Auseinandersetzung fragen Sie sich, warum Sie der anderen Person nicht schon längst mitgeteilt haben, was Sie stört. Und warum hat sich diese so lange mit ihren Äußerungen zurückgehalten? Ohne all den aufgestauten Ärger wäre eine friedliche Einigung doch viel einfacher gewesen. Warum musste es nur so weit kommen? Diese Fragen wollen wir in diesem Buch beantworten.

Sie erhalten hier nicht scheibchenweise Informationen darüber, welches Wissen über Konflikte mittlerweile existiert. Vielmehr verfolgen wir in diesem Buch, wie sich ein Konflikt langsam unter der Oberfläche zivilisierten Verhaltens entwickelt und wie er in seinen späteren Stadien zu eskalieren droht.

Dass Konflikte nicht vom Himmel fallen, ist keine Neuigkeit. Auch weiß man viel über die Eskalation von Konflikten. Doch nur selten wird der Frage nachgegangen, was uns hindert, konstruktiv und frühzeitig anzusprechen, was uns stört. Auch werden die ersten Warnzeichen eines Konflikts selten zuverlässig erkannt.

Die Besonderheit dieses Buches ist, dass wir Schritt für Schritt verfolgen, wie Konflikten vorzubeugen ist, wie sie entstehen und wie sie eskalieren. Dies tun wir nicht aus einem theoretischen Interesse, das nur zu einem weiteren Wissenszuwachs führen würde.

Was wir bieten, ist ein wirkungsvolles Konfliktmanagement. Für jede Phase des Konfliktverlaufs geben wir Ihnen in diesem Trainingsbuch praxiserprobtes Werkzeug, Checklisten und Übungen an die Hand, damit Sie bei Konflikten bereits in der Vorphase und in den späteren Stadien punktgenau intervenieren können.

Denn ein konstruktives Konfliktmanagement bietet konkrete Hilfestellungen, wie Sie
- → Konflikten vorbeugen
- → Konflikte frühzeitig erkennen
- → Konflikte lösen und
- → bei Konflikten intervenieren und konstruktiv beraten können

Wir wünschen Ihnen viele Aha-Erlebnisse und einen reichhaltigen Nutzen mit diesem Trainingsbuch zum Konfliktmanagement.

Freiburg, im Frühjahr 2012

Jürgen Werner
Ulf Tödter

Über die Autoren

Jürgen Werner ist Jurist und Sozialwissenschaftler. Seit 1990 ist er freiberuflich tätig als Trainer in der beruflichen Fort- und Weiterbildung. Seine Schwerpunktthemen sind: Kommunikation, Rhetorik, Argumentation, Business-Enneagramm, Menschenkenntnis, Konfliktmanagement, Lebens- und Karriereplanung, Persönlichkeitsentwicklung, Zeit- und Selbstmanagement.

Ulf Tödter ist Umweltwissenschaftler. Von 1990 bis 1996 war er Geschäftsführer einer internationalen Umweltorganisation. Seit 1997 ist er freiberuflich tätig als Trainer und Coach. Seine Schwerpunktthemen sind: Führung, Selbstmanagement, Kommunikation, Soziale Kompetenz, Business-Enneagramm, Konfliktmanagement, Teamentwicklung, Coaching, Menschenkenntnis, Lebens- und Karriereplanung, systemisches Denken und Handeln in Organisationen und Unternehmen.

Kontakt zu den Autoren:

info@werner-und-toedter.de
www.werner-und-toedter.de

Inhalt

Einleitung: Was sind Konflikte?

Konflikte sind Spannungsfelder, in denen wichtige Interessen von zwei oder mehreren aufeinander angewiesenen Parteien zusammentreffen. Die Interessen sind scheinbar unvereinbar und es besteht ein Handlungsdruck. Die Situation wird von den Beteiligten als angespannt und belastend erlebt. Sie schreiben die Schuld daran der jeweils anderen Partei zu. Dabei entsteht ein nachhaltig negatives Urteil über diese Partei mit einer gefährlichen Tendenz zur Eskalation des Geschehens.

Interessen sind im Übrigen nichts anderes als Bedürfnisse. Die beiden Begriffe beschreiben gleiche Sachverhalte, allerdings aus unterschiedlichen Perspektiven. So sprechen wir von Interessen, sobald die Befriedigung der Bedürfnisse aus der Perspektive des gegenseitig aufeinander Angewiesenseins betrachtet wird. Aus diesem Grund wird leicht verständlich, warum in der Wirtschaftsliteratur vorwiegend von Interessen gesprochen wird, während psychologisch ausgerichtete Bücher lieber von Bedürfnissen reden. Je nachdem, ob wir die Außen- oder Innenperspektive wählen, sprechen wir auch in diesem Buch entweder von Interessen oder von Bedürfnissen.

Die sieben Zutaten für einen Konflikt:

Schauen wir uns die Zutaten für einen Konflikt noch einmal genauer an:

Zutaten für einen Konflikt

1. Wichtige Interessen von mindestens zwei Parteien treffen aufeinander.
2. Die Parteien sind in ihrem Handeln aufeinander angewiesen und es besteht ein Handlungsdruck.
3. Die Interessen sind scheinbar nicht miteinander vereinbar.
4. Die Situation wird als angespannt und belastend erlebt.
5. Jede Partei macht die andere dafür verantwortlich, dass das eigene Interesse nicht oder nicht vollständig verwirklicht werden kann.
6. Dabei bildet sich ein nachhaltig negatives Urteil über die andere Partei.
7. Es besteht eine Tendenz zur Eskalation.

Ein bekanntes Beispiel aus dem privaten Bereich:

Bernd und seine Frau Hanne wollen im kommenden Sommer zwei Wochen zusammen verreisen. Beide haben den Urlaub bereits in ihrer Firma eingereicht. Da sie auf Grund eines Hauskaufs zurzeit wenig Geld haben, wollen sie unbedingt den Frühbucherrabatt in Anspruch nehmen, den viele Anbieter einräumen.

- *Bernd: „Also, ich habe keine Lust auf so eine Affenhitze wie im letzten Sommer. Ich will nächstes Jahr nach Skandinavien."*
- *Hanne: „Der Winter ist hier viel zu lang. Ich brauche wenigstens einmal im Jahr richtig Sommer und Sonne. Ich will ans Mittelmeer."*
- *Bernd: „Wir fahren doch schon seit Jahren jeden Sommer in den Süden! Jetzt bin ich mal dran!"*
- *Hanne: „Und wer musste unbedingt in den kalten Norden der Republik ziehen, wo es nie richtig Sommer wird?"*
- *Bernd: „Warum kannst Du nicht einmal nachgeben?"*
- *Hanne: „ Warum immer ich?"*
- *Bernd: „Das halt ich nicht mehr aus!*
- *Hanne: „Ich krieg gleich die Krise!"*
- *Bernd: „Du bist sturer als ein Esel!"*
- *Hanne: „Und Du bist rücksichtslos!"*
- *Bernd: „Du wirst schon sehen, was Du davon hast!"*
- *Hanne: „Selber!"*
- *Die Wohnzimmertür: „Peng!"*

Überprüfen wir, ob die Bedingungen für einen Konflikt in diesem Fall erfüllt sind:

1. Der gemeinsame Sommerurlaub ist für beide ein wichtiges Interesse und in der Entscheidungsfindung über den Urlaubsort treffen die konträren Vorstellungen über die Temperaturen am Zielort aufeinander.
2. Die Partner sind auf eine Einigung angewiesen, wenn sie den Urlaub gemeinsam verbringen und den Frühbucherrabatt nutzen wollen.
3. Die Vorstellungen von Skandinavien und Mittelmeer erscheinen unvereinbar.
4. Beide erleben die Situation als angespannt und belastend. Die Äußerungen „Das halt ich nicht mehr aus" und „Ich krieg gleich die Krise" weisen deutlich darauf hin.
5. Jeder macht den anderen dafür verantwortlich. Beide werfen sich vor, nicht nachzugeben.
6. Es bildet sich ein nachhaltig negatives Urteil über den anderen: „Du bist sturer als ein Esel" und „Und Du bist rücksichtslos" stehen sich gegenüber.
7. Es besteht eine Tendenz zur Eskalation: Es wird gegenseitig gedroht und am Ende fällt die Wohnzimmertür mit einem Knall ins Schloss.

In unserem Beispiel liegen also alle sieben Zutaten für einen Konflikt vor.

Wovon sich der Konflikt abgrenzt

Konflikte unterscheiden sich deutlich von bloßen Meinungsverschiedenheiten. Denn solange zwei Gesprächspartner nur unterschiedliche Meinungen zu einem Thema vorbringen, muss noch lange kein Handlungsdruck bestehen. Es kann sich um eine rein intellektuelle Auseinandersetzung handeln, bei der durchaus sehr kontrovers und leidenschaftlich diskutiert wird. Nur steht die Auseinandersetzung nicht unter dem Druck, dass durch ihre Lösung wichtige Interessen für die Diskutanten erfüllt werden.

So könnten die Eheleute in unserem Beispiel eifrig darüber diskutieren, welche Art von Tourismus unter ökologischen Gesichtspunkten überhaupt noch verantwortet werden kann. Solange sie dabei nicht unter dem Entscheidungsdruck der eigenen Urlaubsplanung stehen, diskutieren sie nur darüber, welche Sichtweise generell die Überzeugendste ist.

Auch wenn die Parteien unter dem Handlungsdruck stehen, ihre im Augenblick unvereinbar erscheinenden Interessen bald zu verwirklichen, muss deswegen noch lange kein Konflikt bestehen. Sie erkennen vielmehr, dass sie im Moment ein Problem haben, eine für beide Seiten gute Lösung zu finden. Sie vertrauen jedoch darauf, dass sich im offenen und konstruktiven Gespräch neue Aspekte finden, mit denen sich das Problem lösen lässt. Sie respektieren also, dass sie ein gemeinsames Problem haben und nicht etwa die jeweils andere Partei das Problem ist. So behält jeder seinen Anteil an der Verantwortung.

Selbst wenn sich die Parteien lauthals beschimpfen und sich gegenseitig mit heftigen Vorwürfen überziehen, dass der andere doch so unglaublich dumm sei, muss ebenso wenig ein Konflikt gegeben sein. Es kann sich nämlich bereits aus einem nichtigen Anlass ein heftiger Streit ergeben haben, der wie ein reinigendes Gewitter über die Parteien hinwegzieht. Jeder verschafft sich ordentlich Luft und reagiert sich am anderen ab. Und hinterher ist alles wieder gut. Besonders die hitzigen Gemüter fahren schnell aus der Haut. Ein Streit hat generell nicht die Tiefe und Bedeutsamkeit eines Konflikts.

Frotzeleien nehmen sich dagegen ganz harmlos aus. Aufgrund unterschiedlicher Vorlieben und Interessen macht sich eine Person über die andere lustig. Mit frechen und spitzen Bemerkungen nimmt man sich (gegenseitig) hoch. Dieses Necken und Ärgern zum Spaß bleibt aber nur so lange im sportlichen Bereich, soweit der Geneckte den Spaß versteht. Fehlt ihm das Verständnis für diese Art des Humors, wird die Situation schnell als angespannt und belastend erlebt. Bei dauerhaften Frotzeleien mag sich auch die Frage stellen, ob sich dahinter nicht ein latenter Konflikt verbirgt. Während Frotzeleien noch eine humorvolle Komponente aufweisen, haben Sticheleien schon einen ernsteren Charakter. Man will die andere Partei aus der Reserve locken, provozieren oder zu einer bestimmten Handlung bewegen. Und es darf ruhig auch ein bisschen wehtun.

Die Konfliktspirale – Werkzeuge für Prävention und Intervention

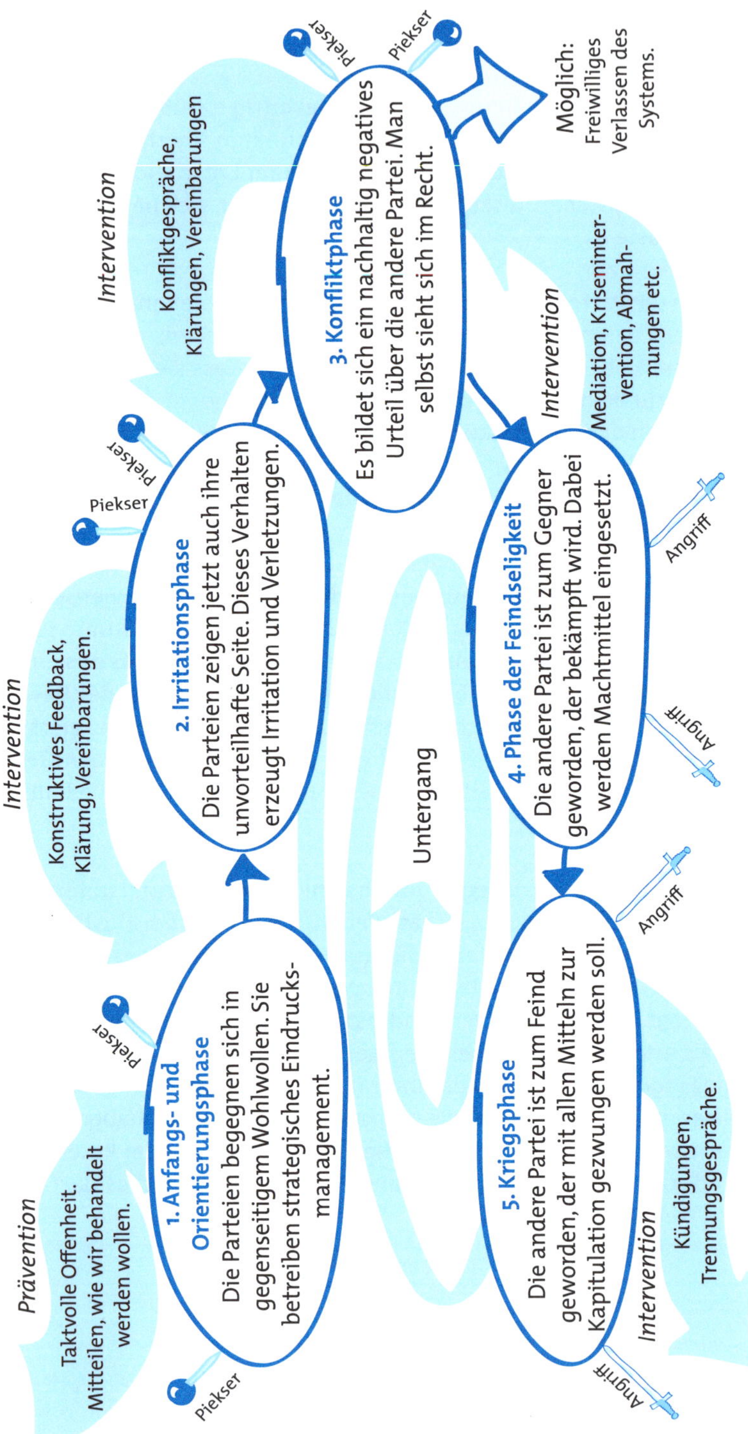

Der Fahrplan durch dieses Buch: Die Konfliktspirale

Definitionen grenzen einen Begriff von anderen ab. Sie erklären damit aber noch nicht das Phänomen, das sie begreifen wollen. Dazu stellen wir Ihnen das Prozessmodell der Konfliktspirale vor, das Konflikte aus ihren Entstehungsbedingungen bis hin zu ihrer Eskalation verständlich werden lässt. Dieses Modell nutzen wir zugleich als Fahrplan durch das Buch. Schritt für Schritt erläutern wir Ihnen die einzelnen Phasen des Konfliktgeschehens und stimmen darauf die passenden Werkzeuge für ein effektives Konfliktmanagement ab. Werden diese erfolgreich angewendet, können die Parteien in den stressärmeren Zustand der vorausgehenden Phase zurückkehren. Eine direkte Rückkehr in eine noch weiter davor liegende Phase ist nicht möglich. Dies müssen sich die Parteien durch Vertrauensbildung erst erarbeiten.

Phase 1: Anfangs- und Orientierungsphase

Konflikte fallen nicht vom Himmel. Sie haben eine Vorgeschichte. Zu dieser gehört, dass wir gerade zu Beginn einer neuen (Arbeits-)Beziehung wohlwollend über das hinwegsehen, was uns stören könnte. Wir lassen uns in den ersten Begegnungen von den Konventionen der Höflichkeit und des Anstands leiten. In der folgenden Orientierungsphase ist jeder darum bemüht, von den neuen Kollegen und den Vorgesetzten aufgenommen zu werden. Dazu zeigen wir uns weiterhin von unserer besten Seite. Zusammenstöße und Konflikte sollen in dieser Phase auf jeden Fall vermieden werden. Frühe Anzeichen eines sich bereits in dieser Phase anbahnenden Konflikts werden in der Hoffnung auf eine baldige Zugehörigkeit zum neuen System bewusst oder unbewusst ausgeblendet.

➜ ***Praxis**tipp:*

Mit einer taktvollen Offenheit lässt sich jedoch schon hier souverän vorbringen, was wir brauchen, damit es uns gut geht.

Phase 2: Irritationsphase

Die fassadenhafte Freundlichkeit lässt sich nur eine begrenzte Zeit aufrechterhalten. Früher oder später zeigt jeder sich auch von seiner anderen Seite. Das erzeugt nach der Phase des anfänglichen Wohlwollens die ersten Irritationen.

Unbedachte Äußerungen oder Handlungen gegen unsere Interessen versetzen uns nun einen Stich. Wenn solche „Piekser" uns an einem wunden Punkt treffen, empfinden wir das als Verletzung. Noch schwanken wir in unserer Einschätzung, ob unsere Verletzung auf eine bloße Unachtsamkeit des anderen zurückgeht oder ob nicht doch eine Absicht dahinter steht. Damit es in dieser Phase nicht zu Verhärtungen und festen Zuschreibungen kommt, ist es unbedingt notwendig, dass die getroffene Person ein angriffsfreies und konstruktives Feedback gibt. Das ist das wirkungsvollste Instrument der Konfliktprävention.

➜ ***Praxis*tipp:**

In dieser Phase gilt es insbesondere zu erkennen, dass ein Problem existiert, das nur gemeinsam gelöst werden kann. Mit dieser Sichtweise lässt sich das konfliktprovozierende Denken in Kategorien von Täter und Opfer verhindern. Dann ist klar, dass nicht etwa der andere das Problem ist, das zu beseitigen wäre.

Phase 3: Konfliktphase

Bleibt die Klärung in Phase 2 aus, kommt es bald zu weiteren „Pieksern". Woher soll die andere Person auch wissen, dass ihr Verhalten uns an einer empfindlichen Stelle trifft. Die wiederholten Verletzungen, denen wir nun ausgesetzt sind, lösen mittlerweile Stress in uns aus. Und Stress verändert unsere Wahrnehmung grundlegend. Der Blick verengt sich und die Gedanken kreisen immer wieder um die erlittenen Vorfälle. Über die andere Person haben wir bereits ein negatives Urteil gebildet, das sich nun weiter verfestigt.

Wenn es in dieser Situation zu einer längst fälligen Auseinandersetzung kommt, dann steht sie meist unter keinem guten Stern. Denn der Verletzte wird es kaum lassen können, dem anderen Vorwürfe zu machen und dabei die Schuldfrage zu stellen. Diese vergiftet die Beziehung zwischen den Konfliktparteien jedoch erheblich. Denn nun erwartet der eine vom anderen, dass er Einsicht zeigt und seine Schuld anerkennt. Diese Lösung wäre für den Verletzten akzeptabel und danach könnte man wieder – mit einiger Vorsicht – zur Tagesordnung übergehen. Bloß dummerweise teilt die andere Person die verengte Sichtweise nicht, die sie zur Schuldigen erklärt. Sie hat ihre eigene Sicht der Dinge und hält dagegen. Sie nennt zum Beispiel Gründe für ihr Verhalten und beginnt sich zu rechtfertigen. Nur so einfach lassen wir ihr ihre Verteidigung nicht durchgehen. Wir stürzen uns auf die Schwachpunkte ihrer Argumentation und halten sie ihr mit vollem Eifer entgegen. Wir sind gespannt, wie sie sich auf diese Vorhaltungen einlassen wird. Es kann schließlich nicht sein, dass beide im Recht sind. Und um das Recht geht es auf den ersten Blick in diesem sich anbahnenden Machtkampf. Die Konfliktparteien sind in diesem Stadium sogar der Meinung, dass sie ausschließlich um die Sache streiten. Nur der jeweils andere verhält sich offenbar unsachlich. Je mehr es zu Vorwürfen und Anschuldigungen kommt, umso mehr schottet sich jede Partei in ihrer Position ab. Beide sind zunehmend in ihrer Sichtweise gefangen. Das Schlimmste dabei ist, dass keine Partei der anderen noch wirklich zuhört.

➜ ***Praxis*tipp:**

Um an dieser Stelle erfolgreich zu intervenieren, braucht es ein wohlgeordnetes Konfliktgespräch. Dieses soll sicherstellen, dass beide Parteien ausreichend Gehör finden und ihre Sichtweisen in Ruhe darstellen können. Wie das trotz aller emotionalen Anspannung gut zu bewältigen ist, erfahren Sie anhand effektiver Werkzeuge, die wir Ihnen zur Verfügung stellen.

Phase 4: Die Phase der Feindseligkeit

Gelingt es den Parteien nicht, den Konflikt im Gespräch zu lösen, werden sie ihre Zusammenarbeit wohl oder übel in einer belasteten und angespannten Weise fortsetzen. Die Feindseligkeit zwischen ihnen kann sich in einem heißen oder kalten Konflikt äußern.

- Heiße Konflikte entladen sich lautstark und sind nicht zu überhören.
- Kalte Konflikte schwelen dagegen im Verborgenen.

Die Parteien versuchen, sich aus dem Weg zu gehen oder sie äußern sich zynisch oder resigniert übereinander. Überhaupt wird mittlerweile mehr *über*einander als *mit*einander gesprochen. Es werden Verbündete für die eigene Sichtweise gesucht, die einem bestätigen, dass man sich im Recht befinde.

Da eine einvernehmliche Lösung außer Reichweite zu sein scheint, gehen die Parteien nun dazu über, der anderen die Bedingungen des weiteren Handelns einseitig zu diktieren. Es trägt sie die Hoffnung, dass sich die eigenen Interessen im Machtkampf durchsetzen lassen. Ein Kampf um Sieg und Niederlage ist entbrannt.

In dieser Phase ist der Konflikt so weit eskaliert, dass die Parteien es nicht mehr aus eigener Kraft schaffen, ihn für beide Seiten zufrieden stellend zu lösen. Wirkungsvolle Hilfe kann jetzt nur noch von außen kommen. Es braucht eine neutrale, dritte Person, die im Konflikt zwischen den Parteien vermittelt.

→ ***Praxis*tipp:**

Für alle, die sich im Berufsleben dieser Aufgabe annehmen wollen, stellen wir die Mediation als geeignetes Interventionsverfahren vor. Dabei gehen wir auch der wichtigen Frage nach, inwieweit Führungskräfte und andere Betriebsangehörige überhaupt geeignet sind, Mediationsaufgaben wahrzunehmen.

Phase 5: Kriegsphase

In der Phase der Feindseligkeit haben die Parteien damit begonnen, den Konflikt mit Machtmitteln lösen zu wollen. Um die Kontrolle über die Situation zu bewahren, haben sie der Gegenseite die Bedingungen des weiteren Handelns einseitig diktiert. Damit provozieren sie jedoch deren Gegenwehr.

Das Konfliktgeschehen mündet nun in seine letzte dramatische Phase, den Krieg. Dem Gegner wird das Leben zur Hölle gemacht. Er soll dafür büßen, dass er einen schon allein durch seine Anwesenheit zur Weißglut bringt. Wo es geht, versucht man ihn zu schädigen und zu verletzen. Jedes Mittel soll dabei recht sein. Das Problem scheint auf dieser Eskalationsstufe erst dann gelöst zu sein, wenn die andere Person endlich von der Bildfläche verschwindet. Ein einfaches Nachgeben in der Sache würde dem Aggressor mittlerweile nicht mehr genügen.

➜ ***Praxis*tipp:**

Wo die Situation so verfahren ist, gibt es als letzte Option nur noch ein sinnvolles Mittel, um den kriegerischen Konflikt zu lösen: Die Trennung der Beteiligten. Für den Frieden im Unternehmen ist es von entscheidender Bedeutung, wie die Trennung von dem oder den Beteiligten erfolgt. Deswegen stellen wir Ihnen in diesem Kapitel vor, wie Führungskräfte faire Trennungsgespräche führen können.

Weiterführende Kapitel

Viele Autoren ordnen dieser letzten Eskalationsstufe den Psychoterror Mobbing zu. Tatsächlich finden sich hier auch viele Überschneidungen. Da Mobbing jedoch nicht nur das Ergebnis ungelöster Konflikte ist, widmen wir ihm an anderer Stelle ein eigenes Kapitel (Kapitel 6).

In einem weiteren Kapitel behandeln wir das Thema der Verschiebung von ungelösten Konflikten (Kapitel 7), denn sie werden oft stellvertretend von anderen (meist rangniederen) Mitgliedern des Arbeitssystems ausagiert.

Ein hilfreiches Instrument zur Prävention, Früherkennung und Lösung von Konflikten stellen wir Ihnen zum Abschluss in Kapitel 8 dar: das Persönlichkeitsmodell des Business-Enneagramms.

1 Anfangs- und Orientierungsphase

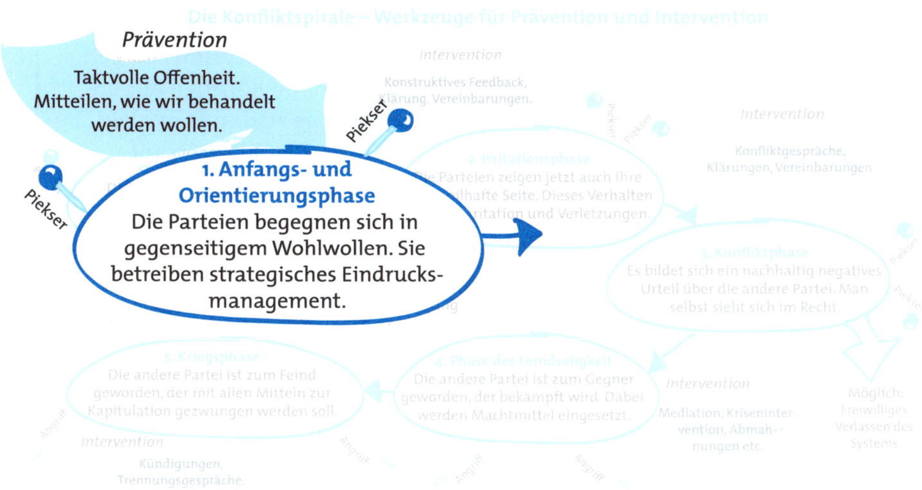

Konflikte haben fast immer eine Vorgeschichte. Bis sie nach außen in Erscheinung treten, entwickeln sie sich stetig unter der Oberfläche zivilisierten Verhaltens. Die Parteien nehmen schon längere Zeit Spannungen und Unwohlsein wahr, bevor sie es endlich zur Sprache bringen. Später, wenn der Konflikt eskaliert ist und sie im anderen nur noch einen Gegner sehen, werden die Parteien sich selbst oder gegenseitig vorwerfen, dass sie am Anfang viel zu lange geschwiegen haben. Hätten sie doch nur gleich etwas gesagt.

Doch warum fällt es uns so schwer, Störendes schon rechtzeitig gegenüber den Mitmenschen anzusprechen? Warum ist das keine Selbstverständlichkeit? Wenn wir das besser verstehen, können wir bereits präventiv vermeidbaren Konflikten vorbeugen.

1.1 Die Logik der sozialen Anfangssituation

Leider sind wir zu Beginn einer neuen Beziehung gar nicht so frei, wie wir uns das gerne einbilden. Das liegt unter anderem daran, dass jede soziale Situation ihre eigene Macht über uns entfaltet. Es braucht ein gerüttelt Maß an Souveränität, sich davon nicht gefangen nehmen zu lassen.

So entwickelt jede Anfangssituation eine Dynamik, die dem offenen Aussprechen von Störungen diametral gegenüber steht. Anders gesagt: Wir geraten rasch in eine

Zwickmühle, wenn wir Menschen noch nicht lange kennen und uns schon etwas an ihrem Verhalten stört. Warum ist das so?

> Stellen Sie sich vor, Sie gehen zu einem Bewerbungsgespräch, vor Ihnen liegt der erste Arbeitstag in einer neuen Firma oder Sie starten morgen in einem frisch zusammengestellten Projektteam mit Kollegen aus anderen Abteilungen. In welcher Erwartung gehen Sie zu den Menschen, die Ihnen noch ganz fremd oder höchstens vom Sehen her bekannt sind? Wahrscheinlich in der Hoffnung, dass Sie bald dazu gehören und Freude bei der Arbeit mit netten Kollegen haben werden. Optimismus liegt in der Luft. Sie wissen, dass es auch an Ihnen liegt, wie Sie die Anfangssituation mitgestalten. Deswegen zeigen Sie sich von Ihrer besten Seite.

Wir betreiben strategisches Eindrucksmanagement

Der Soziologe Erving Goffman hat in vielen Studien gezeigt, wie wir in solchen Situationen – bewusst oder unbewusst – ein strategisches Eindrucksmanagement betreiben. Wenn wir in unserem Handeln auf die andere Person angewiesen sind (das gehört zum objektiven Tatbestand des späteren Konflikts), dann wollen wir sie von unserer Person und unseren Fähigkeiten überzeugen. Dazu legen wir im Erstgespräch nicht einfach los, sondern wir machen uns gleich bei der ersten Begegnung ein Bild von unserem Gegenüber. Daraufhin vermitteln wir diejenigen Informationen von uns, von denen wir meinen, dass sie im Augenblick gefragt sind. Jetzt wollen wir beim anderen gezielt einen guten Eindruck erzeugen. Die Kommunikation ist also stark wirkungsorientiert. Eine unpassende Selbstäußerung wird schnell als naiv oder peinlich erlebt.

→ ***Praxis*tipp:**

Ein hervorragendes Mittel, um miteinander gefahrlos in Kontakt zu kommen, ist der Smalltalk. Mit ihm wird auf einer unverbindlichen Ebene Gemeinsamkeit hergestellt. Es werden dabei Themen gewählt, bei denen jeder mühelos etwas beitragen kann. Vorschnelle Bekenntnisse zu heiklen Themen zerstören den Smalltalk wieder. Deswegen eignen sich Bekenntnisse zu politischen und weltanschaulichen Fragen in diesem frühen Stadium nicht, wenn wir auf unser Gegenüber angewiesen sind und es für uns gewinnen wollen.

Wir sind darauf aus, andere für uns zu gewinnen

Häufig sind in dieser Phase Sympathiekundgebungen zu beobachten. Man drückt seine Bewunderung für den guten Geschmack oder die interessanten Auffassungen der anderen Person aus. Gemeinsamkeiten werden festgestellt und gewürdigt. Das verbindet. Mit ganz konkreten Ergebnissen! Denn wenn es darum geht, dass jemand in einer Firma eingestellt oder in ein Team aufgenommen wird, dann wird neben der Qualifikation selbstverständlich auch darauf geachtet, ob er dazu passt oder nicht.

Die teilweise fassadenhafte Freundlichkeit endet jedoch nicht mit dem Eintritt ins Team oder Unternehmen. Der Anfangssituation folgt die Orientierungsphase. Denn noch ist man Neuling und muss seinen Platz erst finden. In dem noch ungewohnten Terrain ist Zurückhaltung geboten, um Schritt für Schritt in Erfahrung zu bringen, wie der Hase läuft. Man bemüht sich in dieser Phase, mit allen gleich gut auszukommen. Hört man von Feindseligkeiten zwischen den Kollegen, hält man sich besser raus und bezieht noch keine Stellung. Dazu fehlt auch noch das nötige Insiderwissen. Da das primäre Ziel in dieser Zeit die endgültige Zugehörigkeit zur Gruppe ist, werden alle Äußerungen vermieden, mit denen wir mit den neuen Kollegen unangenehm zusammenstoßen könnten. Und so manche unbedachte, verletzende Äußerung der anderen wird geflissentlich überhört. Wir begegnen einander mit Wohlwollen und Taktgefühl und orientieren uns dabei an den Konventionen der Höflichkeit.

Wohlwollen und Taktgefühl prägen die Orientierungsphase

Es ist der gesellschaftlich geforderte Takt, der uns anweist, mögliche Störungen einfach zu übersehen, weil sonst peinliche Momente aufkommen. Im Alltag verfügen wir über ein ganzes Repertoire an Verhaltensstrategien, mit denen wir anderen taktvoll begegnen. Erving Goffman unterteilt sie in zwei Typen: Vermeidungsgesten und Zuvorkommenheitsgesten.

- Mit Vermeidungsgesten wahren wir die nötige Distanz, um der anderen Person nicht zu nahe zu treten. Unterlaufen ihr Fehltritte, bewahren wir sie durch Vermeidungsgesten vor einem unangenehmen Gesichtsverlust. Das kann durch taktvolles Schweigen, Übersehen, Überhören oder einen geschickten Themenwechsel geschehen.

  In der Politik äußert sich diese Haltung zum Beispiel darin, dass den neuen Amtsträgern eine Schonfrist von 100 Tagen eingeräumt wird. In dieser Zeit wird in der Öffentlichkeit eine bewusste Zurückhaltung bei der Beurteilung der Amtsführung geübt. Erst danach kommt es zu einer ersten Abrechnung.
- Mit Zuvorkommenheitsgesten bringen wir unsere Wertschätzung für den anderen in einer offensiven Weise zum Ausdruck. Dazu gehört freundliches Grüßen, interessiertes Erkundigen nach dem Befinden des anderen, Komplimente, Einladungen und kleinere Hilfsangebote.

Balance von Zuvorkommenheit und Zurückhaltung

Der vollendete Takt entfaltet sich in der gekonnten Balance von Zuvorkommenheit und Zurückhaltung. Ein Zuviel an Zuvorkommenheitsgesten wird einem schnell als Aufdringlichkeit ausgelegt und ein Zuviel an Vermeidungsgesten als Missachtung und Gleichgültigkeit.

Beispiel:

Frau Halbeck ist schon am ersten Arbeitstag so von der angenehmen Arbeitsatmosphäre in ihrer Abteilung begeistert, dass sie die neuen Kollegen bereits nach drei Tagen spontan zu einer kleinen Einstandsparty zu sich nachhause einlädt. Einige Kollegen finden das ganz toll, während es andere für übertrieben schnell und aufdringlich halten. Ihnen ist die Zuvorkommenheitsgeste von Frau Halbeck zu gewaltig. Sie lehnen dankend ab und schützen andere Termine vor. Mit ihrer Vermeidungsgeste bewahren Sie Frau Halbeck taktvoll vor einem Gesichtsverlust, während sie sie hinter vorgehaltener Hand als aufdringliche Wichtigtuerin abstempeln.

→ ES SIND DER TAKT UND DAS DISKRETE VERHALTEN, DIE DIE ERSTEN ANZEICHEN EINES SPÄTEREN KONFLIKTS IM VERBORGENEN HALTEN.

Man könnte nun einwenden, dass der Takt heutzutage keine große Rolle mehr spielt. Man gibt sich ungezwungen und in den meisten Abteilungen herrscht ein lockerer Umgangston. Das kann jedoch nicht darüber hinwegtäuschen, dass der Umgang miteinander immer noch nach festen Regeln verläuft. Diese sind uns heute nicht mehr so bewusst wie früher. Ihre teilweise Tabuisierung entlarvt sich jedoch spätestens dann, wenn man genau auf die Körpersprache der Beteiligten achtet. Auch in den jungen Unternehmen, in denen ein Machtgefälle offiziell geleugnet wird, zeigt die Körpersprache unbeeindruckt von aller Ideologie eine hierarchische Ordnung.

Die Phase des Wohlwollens endet nach circa drei Monaten

Freundlich, zuvorkommend und Zusammenstöße vermeidend – das sind die auffälligsten Verhaltensmerkmale der sozialen Anfangssituation und der folgenden Orientierungsphase. Die Beteiligten gehen in der Hoffnung auf eine gemeinsame Zukunft wohlwollend miteinander um. Würde man bereits in dieser frühen Phase heftig aneinander geraten, könnte man sich mürrisch den Rücken zuwenden und jeder würde wieder seiner Wege gehen. Denn noch bindet nichts aneinander. Eine gemeinsame Geschichte ist noch nicht entstanden. Auch diese Option gehört zum Alltag.

Es ist damit zu rechnen, dass die Phase des Zusammenfindens je nach Temperament ungefähr drei Monate dauert. Als Phase der Orientierung dient sie dem Kennenlernen im Verbindenden. Sie soll den Beteiligten Sicherheit spenden und ein Gefühl der Zugehörigkeit vermitteln. Es ist jedoch nur eine oberflächliche Übereinstimmung, die bloß den Anstrich von Einigkeit hat. Früher oder später muss es zur Ernüchterung kommen. Denn nachdem eine Sicherheit spendende Struktur entstanden ist, zeigen sich die Beteiligten immer mehr in ihren Eigenarten. Die Flitterwochen sind nun vorbei. Gefühle und Interessen werden ungeschminkter gezeigt. Es kommt zu deutlichen Irritationen.

Der taktvolle Umgang in der Orientierungsphase muss natürlich nicht bedeuten, dass wir so lange in ahnungslosem Wohlwollen dahin leben, bis wir nach etwa drei Monaten überrascht aufschrecken, wenn sich unsere Mitmenschen immer ungenierter von ihrer anderen Seite zeigen. Damit hätten wir das Heft des Handelns ganz aus der Hand gegeben und würden schnell in eine Opferrolle geraten. Viele Menschen, die gemocht werden und in erster Linie sympathisch sein wollen, verfahren aber genau so.

1.2 Authentisches Eindrucksmanagement

Das Eindrucksmanagement bietet mehr, als sich bloß von seiner besten Seite in Szene zu setzen. Denn schon in der ersten Begegnung senden wir Signale, wer wir sind und was wir mit uns machen lassen oder nicht. Unser gesamter Habitus verrät viel, und Dominanz- oder Unordnungsgesten zeigen an, ob wir in der Kommunikation einen Hoch- oder einen Tiefstatus einnehmen. Das sagt eine Menge über unsere spätere Durchsetzungsfähigkeit aus und lenkt den Verlauf der weiteren Begegnungen schon jetzt in die entscheidenden Bahnen.

In der Anfangssituation sind deutliche Dominanzgesten jedoch mit großer Vorsicht zu genießen. Denn wer gleich dominant auftritt, verscherzt sich damit häufig Sympathien. Dominanz ist schließlich auf Unterordnung aus.

Souveränität ausstrahlen durch taktvolle Offenheit

Viel wirkungsvoller ist es, wenn wir souverän auftreten.

→ Wer Souveränität ausstrahlt, signalisiert Selbstbewusstsein und innere Unabhängigkeit. In dieser Haltung nimmt er einen hohen Status ein, ohne andere dominieren zu wollen.

Er entzieht sich damit gekonnt allen Einschüchterungsversuchen der anderen. Und da er sich seiner Stärken und Schwächen sehr bewusst ist und auch dazu steht, erlaubt er es sich, mehr von sich als nur die blank polierte Fassade zu zeigen. Mit dieser Souveränität zeigt er sich natürlich auch in seiner Verletzlichkeit. Davor haben die meisten Menschen Angst, weil sie es für unprofessionell halten und befürchten, dass andere diese Offenheit ausnutzen werden. Dieses souveräne Verhalten birgt in der Tat ein Risiko in sich. Denn Vertrauen ist immer eine riskante Vorleistung. Doch meist führt es dazu, dass die anderen unser Vertrauen erfreut erwidern und sich auch selbst offener zeigen. Dann beeindrucken wir uns gegenseitig nicht so sehr mit Fassadentechniken, sondern durch authentisches Verhalten.

→ ***Praxis*tipp:**

In einer vertrauensvollen Atmosphäre lässt sich den anderen auf unkompliziert Weise mitteilen, wie wir ticken und was wir brauchen, damit wir optimal arbeiten können. So erhalten die anderen wichtige Informationen von uns, die sie auf diesem Weg meist gern berücksichtigen. Die taktvolle Offenheit ist die beste Prävention, um späteren Missverständnissen vorzubeugen.

Beispiel:

Monika Brook hat vor zwei Wochen ihre neue Stelle als Key Account Managerin bei einem Pharmaunternehmen angetreten. Ihr fällt auf, dass ihre junge und hoch motivierte Assistentin die Neigung hat, andere Teammitglieder häufig zu berühren. Das ist etwas, was Frau Brook gar nicht mag. Es schüttelt sie bei dem Gedanken, dass die junge Frau dies auch bei ihr tun könnte. Sie beschließt, in die Offensive zu gehen und nach einer Besprechung unter vier Augen am nächsten Nachmittag sagt sie: „Frau Eskens, ich finde, unsere Zusammenarbeit hat sich in der kurzen Zeit bereits prima entwickelt. Ich wünsche mir sehr, dass das so weitergeht. Ich habe an meiner früheren Arbeitsstelle gute Erfahrungen damit gemacht, meinen engeren Mitarbeitern frühzeitig zu sagen, was in der Zusammenarbeit für mich besonders wichtig ist und wo meine empfindlichen Stellen liegen, um so Missverständnisse und unnötige Konflikte zu vermeiden. Ich möchte das, wenn es Sie interessiert, auch hier gern so halten und da wir beide täglich miteinander zu tun haben, würde ich bei Ihnen gern anfangen."

Frau Eskens schaut überrascht, nickt aber zustimmend. Also fährt Frau Brook fort. „Meine Mitarbeiterinnen und Mitarbeiter können sich darauf verlassen, dass ich ihnen Aufgaben gebe, die sie herausfordern und bei denen sie sich weiterentwickeln können. Ich gebe ihnen einen Vertrauensvorschuss und bin damit bisher fast immer gut gefahren. Und ich stelle mich vor und hinter meine Leute, wenn bei uns etwas schiefgelaufen ist und wir Gegenwind von oben oder von außen bekommen. Mir ist direktes Feedback von meinen Mitarbeitern wichtig. Wenn Sie also mit etwas nicht einverstanden sind, was ich sage oder tue und was Sie direkt betrifft, dann sagen Sie mir dies bitte möglichst unmittelbar – nicht erst zwei Wochen später, wenn ich mich kaum noch daran erinnern kann. Sagen Sie es auch nicht jemand anderem. Ich kann ziemlich sauer werden, wenn ich mit Beschwerden aus zweiter Hand konfrontiert werde. Und wenn Sie einmal etwas falsch gemacht haben, dann raus mit der Sprache und zwar sofort. Ich habe noch niemandem den

Kopf abgerissen, wenn er Verantwortung für seine Fehler übernommen hat. Was mir besonders wichtig im täglichen Umgang ist: Ich mag es nicht, wenn man mich ohne meine Zustimmung berührt. Da bin ich sehr empfindlich und bitte um Rücksichtnahme."

Frau Eskens antwortet: „Ich bin jetzt einigermaßen überrascht. Es ist recht ungewöhnlich, dass eine Chefin gleich die Karten so auf den Tisch legt. Mir gibt das aber auch Klarheit. Das Meiste lässt sich aus meiner Sicht leicht erfüllen. Dass mir der letzte Punkt nicht immer leichtfällt, das haben Sie sicher schon beobachtet. Aber ich werde mir Mühe geben, jetzt wo ich es weiß. Seien Sie aber bitte nicht zu streng mit mir, wenn es doch einmal schiefgeht." Frau Brook zwinkert Frau Eskens zu und fragt: „Wen sollte ich denn Ihrer Meinung nach als Nächstes informieren?" „Das lasse ich mir mal durch den Kopf gehen. Wahrscheinlich unsere Sekretärin, Frau Ehrlicher." Gemeinsam machen sie sich auf zu einer Sitzung der Produktmanager.

→ Selbstreflexion: Vermeidungs- / Zuvorkommenheitsgesten

Erinnern Sie sich daran, wie Sie sich verhalten haben, als Sie das letzte Mal eine neue Arbeitsstelle angetreten haben – in einem neuen Unternehmen oder in einem neuen Team.

Wie sah es mit Ihrem Verhalten aus?

? *Neigten Sie eher zu Vermeidungsgesten? Falls Sie zu sehr dazu neigen, sollten Sie sich in Zukunft mehr selbst offenbaren, sonst verhalten sich andere Ihnen gegenüber stumm und beobachten Sie lediglich.*

? *Oder neigten Sie mehr zu Zuvorkommenheitsgesten? Falls ja, dann sollten Sie in Zukunft mehr an Ihrer Zurückhaltung arbeiten, weil andere Ihnen sonst keine Informationen geben.*

→ Selbstreflexion: Meine roten und grünen Knöpfe

Wenn Sie sich in einer sozialen Anfangssituation befinden – neu im Job, im Verein oder in der Arbeitsgruppe – raten wir Ihnen, Menschen, mit denen Sie eng zusammenarbeiten werden, recht bald die „Bedienungsanleitung" für sich mitzuliefern:

- ? *Wie wollen Sie behandelt werden?*
- ? *Welches sind Ihre „grünen" Knöpfe, die gerne bedient werden dürfen?*
- ? *Und welches sind Ihre „roten" oder Alarmknöpfe, die bitte zu meiden sind?*

Wichtig ist natürlich ein gutes Timing. Wann und wie vermittle ich diese Botschaften, sodass sie als zweckdienliche Information und nicht als Drohung ankommen.

Formulieren Sie an dieser Stelle bitte Ihre persönlichen „roten" und „grünen" Knöpfe:

Meine „roten" Knöpfe	Meine „grünen" Knöpfe
Was ich im Kontakt gar nicht mag:	Was ich im Kontakt gern habe:

2 Die Phase der Irritationen

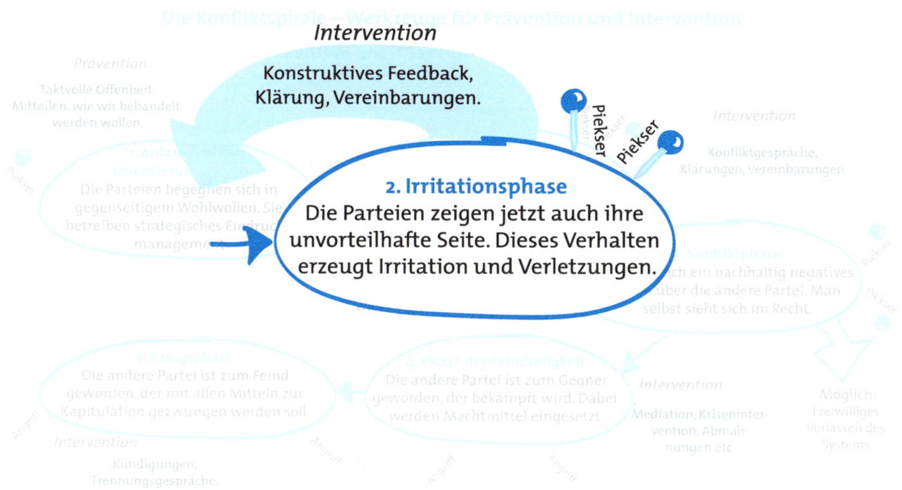

Früher oder später zeigen wir uns von unserer anderen Seite. Die Phase des reinen Wohlwollens geht zu Ende. Erstaunlich nur, dass uns das bei unseren Mitmenschen immer wieder von Neuem verblüfft. Wir reagieren verunsichert und irritiert, wenn sich der sonst immer so freundliche und zuvorkommende Kollege nach einiger Zeit zum ersten Mal aufbrausend und pampig verhält. Das passt nicht in das Bild, das wir uns von ihm gemacht haben. Wiederholt sich das noch ein oder zwei Mal, kommt es zu einer herben Enttäuschung.

Doch über was sind wir eigentlich so enttäuscht? Vordergründig über den anderen Menschen, der sich nun erstmals von einer anderen Seite zeigt. Im Grunde jedoch auch darüber, dass eine Illusion geplatzt ist. Offenbar sind wir mit einer großen Naivität davon ausgegangen, dass die Freundlichkeit der Anfangsphase dauerhaft anhalten wird. Vergleichbar ist das mit dem Wunsch, der Urlaub oder die Flitterwochen sollten niemals dem Alltag weichen.

Die Anfangsphase war aber kein falsches Spiel, das nachträglich als hinterlistig gebrandmarkt werden müsste. Ihr Zweck war allein, dass sich einander fremde Menschen langsam miteinander vertraut machen können. Dazu verhielten sie sich wohlwollend miteinander und orientierten sich an unverfänglichen Gemeinsamkeiten.

Farbe bekennen ist leichter gesagt als getan

Jetzt treten unterschiedliche Interessen und Sichtweisen deutlicher hervor. Die Zeit der Auseinandersetzung ist gekommen. Sie birgt die Chance, den anderen besser kennen zu lernen und die entstandene Bindung zu vertiefen. Doch leider sind die meisten Menschen nicht bereit, in einer fairen Weise für die eigenen Interessen zu streiten. Die offene Auseinandersetzung fällt ihnen schwer. Sie wollen um jeden Preis eine dauerhafte Harmonie.

Diese Einstellung prägt auch viele Unternehmen und Organisationen. Offiziell ist meist nur zu hören, dass das Betriebsklima sehr gut sei und unter den Mitarbeitern ein hervorragender Teamgeist herrsche. Konflikte gelten als Tabu. Führungskräfte betrachten es deswegen häufig als persönliches Versagen, wenn es in ihrer Abteilung zu offenen Auseinandersetzungen kommt. Sie reagieren dann mit Beschwichtigungen oder einem einschüchternden Machtwort. Bestehende Differenzen werden so in den Untergrund gedrängt. Ein Scheinfriede macht sich breit. Dabei wird übersehen, dass diese Strategie des verordneten Stillhaltens die Produktivität eines Teams behindert und erst die Bedingungen für spätere Konflikte schafft.

2.1 Die Bereitschaft zur Auseinandersetzung

Die beste Prävention gegen unnötige Konflikte ist die Bereitschaft, widerstreitende Interessen anzuerkennen und darüber offen mit anderen Menschen zu verhandeln.

➜ ***Praxis*tipp:**

> *Wer Auseinandersetzungen als selbstverständlichen Teil des Zusammenlebens akzeptiert, kann frühzeitig auf Störungen reagieren und auf tragfähige Lösungen hinarbeiten.*

Enttäuschungen und Irritationen lassen sich so erheblich reduzieren. Teams und Organisationen, die dies umsetzen, entwickeln eine Diskurskultur, die den negativen Folgen von Konflikten enge Grenzen setzt und alle Beteiligten motiviert, zügig Lösungen zu suchen.

Die Grundeinstellungen zu Konflikten sind sehr verschieden

Es gibt verschiedene Einstellungen, die wir vertreten, wenn unsere Interessen mit denen anderer zusammentreffen. Jeder von uns hat einen gewohnheitsmäßigen Stil, ob und wie wir eine Auseinandersetzung führen. Manchmal variieren unsere Grundeinstellungen aber auch, je nachdem, ob es um Auseinandersetzungen im privaten oder beruflichen Bereich geht, oder ob es um Sachthemen oder soziale Themen geht. Das folgende Schaubild stellt fünf typische Einstellungen dar.

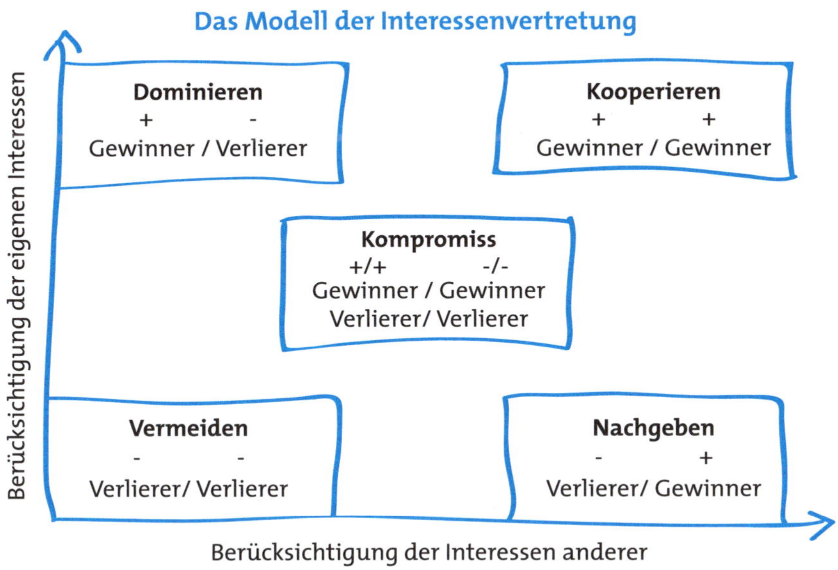

1. Die Strategie des Vermeidens

Wer Auseinandersetzungen vermeidet, bringt weder seine eigenen Interessen zur Sprache, noch möchte er die Interessen der anderen Partei berücksichtigen. Das Harmoniestreben ist so groß, dass versucht wird, mögliche Differenzen erst gar nicht wahrzunehmen. Es ist die Methode, Unangenehmes unter den Teppich zu kehren: Was ich nicht weiß, macht mich nicht heiß. Außer einem Scheinfrieden ist hier aber nichts gewonnen. Denn keine Partei konnte ihre ursprünglichen Interessen verwirklichen.

→ Die Vermeidungsstrategie folgt der Gleichung:
Ich verliere und Du verlierst auch.

2. Die Strategie des Nachgebens

Anders als beim Vermeiden hat hier jemand seine Interessen klar im Blick. Er hält sich jedoch nicht für stark genug, darum mit der anderen Partei in eine faire Auseinandersetzung zu gehen. So gibt er nach. Die eigene innere Unzufriedenheit versucht er mit der Überzeugung in Schach zu halten. „Der Klügere gibt nach." So kann er sich wenigstens moralisch für die überlegene Partei halten. Irgendwann beklagt aber auch diese Person, dass sie immer zu kurz kommt. Dann hat auch sie erkannt: „Der Klügere gibt so lange nach, bis er der Dümmere ist."

→ Die Strategie des Nachgebens folgt der Gleichung:
Ich verliere und Du gewinnst.

3. Die Strategie des Dominierens

Auch diese Strategie orientiert sich nicht an einem Interessenausgleich. Hier setzt jemand alles daran, seine eigenen Interessen durchzuboxen. Dass das auf Kosten der anderen Partei geschieht, interessiert ihn nicht. Hauptsache, man hat erreicht, was man wollte. Dazu wird Druck aufgebaut oder auch manipulativ gehandelt. Die Gegenseite hat auf jeden Fall das Nachsehen und wird bei passender Gelegenheit eine offene Rechnung präsentieren. Der Sieg ist meistens nicht von Dauer.

→ Die Dominanzstrategie folgt der Gleichung:
Ich gewinne und Du verlierst.

4. Die Strategie des Kompromisses

Wer einen Kompromiss anstrebt, hat immer beide Seiten im Blick. Jede Interessenlage soll berücksichtigt werden. Allerdings gehen die Beteiligten nicht davon aus, dass auf diese Weise beide Seiten voll auf ihre Kosten kommen. Ihre Erfahrung sagt ihnen, dass jeder Abstriche von den eigenen Zielen machen muss, um zu einer Einigung zu gelangen. Ohne Zugeständnisse scheint es nicht zu gehen. Dabei gewinnen beide etwas. Sie verlieren aber auch etwas, weil sie ihre Bedürfnisse nicht ganz erfüllen können. Etwas Unerfülltes bleibt zurück. Faul ist der Kompromiss insbesondere dann, wenn beide mit der getroffenen Vereinbarung unzufrieden sind.

→ Die Kompromissstrategie folgt der Gleichung: Ich gewinne etwas und Du gewinnst etwas. Wir verlieren jedoch auch beide etwas.

5. Die Strategie der Kooperation

Es gibt es tatsächlich, dass trotz widersprüchlicher Positionen beide Seiten ihre Interessen erfüllen können. Das ist die viel beschworene Win-win-Strategie. Beide Parteien treten am Ende als Gewinner hervor. Das gelingt nur, wenn offen und fair über die jeweiligen Interessen verhandelt wird. Voraussetzung dafür ist, dass jeder seine Interessen klar im Blick behält und sich genau so interessiert für die Wünsche der Gegenseite zeigt. Dann entwickeln sich Lösungswege, wie sie mit der Kompromissstrategie nie für möglich gehalten wurden. Wie das genau funktioniert, behandeln wir im Rahmen des Konfliktgesprächs (Kap. 3.8).

→ Die Kooperationsstrategie folgt der Gleichung: Wir gewinnen beide.

→ ***Praxis*tipp:**

Wer für eine offene Auseinandersetzung bereit ist, ist weniger zu erschüttern, wenn sich Kollegen von ihrer anderen Seite zeigen. Denn dieser Mensch hängt nicht an der Illusion einer dauerhaften Harmonie.

➜ **Selbstreflexion**

Erinnern Sie sich an Situationen der Vergangenheit, in denen Ihre Interessen im Widerspruch zu denen anderer Menschen standen. Welche Strategie haben Sie dabei bevorzugt verfolgt?

2.2 Wunde Punkte erkennen – bei sich selbst und bei anderen

Irritationen werden in Beziehungen dennoch nicht ausbleiben, weil wir alle verletzbar sind. Jeder Mensch hat seine wunden Punkte, an denen er besonders empfindlich ist. Wenn wir uns da getroffen fühlen, empfinden wir das als Piekser oder Stich. Und wie reagieren wir darauf? Nun, in den meisten Fällen erst einmal gar nicht. Wir verhalten uns eher wie ein Hund, den ein Floh gestochen hat: Er setzt sich hin, kratzt sich, steht wieder auf, schüttelt sich ein paar Mal und läuft weiter. Wir nehmen den Piekser zwar wahr, schreiben dem Verursacher aber noch keine Absicht zu. Wir üben uns in Nachsicht: Vielleicht hat der andere es gar nicht absichtlich getan.

Dies ändert sich jedoch im Wiederholungsfall, wenn jemand zum zweiten oder dritten Mal denselben wunden Punkt erwischt. Wir sind dann schneller bei der Hand, dem Angreifer eine Verletzungsabsicht und gezielte Rücksichtslosigkeit zu unterstellen. Dabei wird das in der überwiegenden Zahl der Fälle, in denen wir uns gekränkt fühlen, gar nicht stimmen. Es mag sein, dass sich der andere einfach ungeschickt verhalten hat; oder auch, dass er vor unseren Augen explodiert ist, weil er endlich mal Dampf ablassen musste. Dann war er hilflos und brauchte einen Blitzableiter. Das ist natürlich keine angenehme Erfahrung, als Blitzableiter für andere zu dienen. Dennoch ist es etwas anderes, als wenn unsere Mitmenschen uns mit Kalkül gezielt verletzen und schwächen wollen. Insbesondere sind jeweils ganz unterschiedliche Reaktionen von uns gefragt. Bloß warum können wir diese Unterscheidungen oft nicht mehr treffen, wenn wir vom Verhalten der anderen getroffen werden? Weil alle diese Piekser letztlich Stress in uns auslösen.

Ein Piekser auf einen wunden Punkt reaktiviert vergangene Erlebnisse

Stress ist eine körperliche Alarmreaktion. Sie tritt automatisch ein, wenn wir uns bedroht oder angegriffen fühlen. Die ausgeschütteten Stresshormone sorgen dafür, dass wir hellwach und bereit zu Flucht oder Angriff sind. Wir sind ganz auf die Gefahrenquelle und unsere Gefühlslage fixiert. Bei wirklichen Gefahren ist dieser biologisch programmierte Überlebensmechanismus eine ausgezeichnete Reaktionsweise. Bei der Mehrzahl der uns treffenden Piekser handelt es sich jedoch nur um vermeintliche Gefahren. Der Körper reagiert mit Fehlalarm. Der Grund für unseren Stress und die erlittene Kränkung liegt dann mehr bei uns als bei den anderen. Dagegen steuern lässt sich nur mit mehr Selbstbewusstsein. Das setzt voraus, dass wir uns selbst gut kennen.

Die erste wichtige Frage ist: Was sind unsere wunden Punkte? Denn wenn wir diese kennen, wird es uns leichter fallen, besondere Eigenarten, Taktlosigkeiten und Ausbrüche anderer nicht mehr so schnell persönlich zu nehmen.

➔ Ein wunder Punkt ist wie eine noch nicht verheilte Verletzung, die aus einem Ereignis herrührt, das uns immer noch zu schaffen macht.

Bestenfalls hat sich etwas Schorf über dieser Wunde gebildet. Nun muss nur wieder ein Ereignis eintreten, das wir ähnlich erleben und sofort reißt die alte Wunde wieder schmerzhaft auf. Unter dem Eindruck dieses Fehlalarms sehen wir als Verursacher unser direktes Gegenüber. Das hat uns verletzt! In Wirklichkeit war sein Verhalten aber nur ein Auslöser für den Schmerz, und nicht seine Ursache. Es hat uns eben an einer empfindlichen Stelle erwischt.

➔ Reflexion

Nehmen Sie anhand der folgenden vier Checklisten einmal genau unter die Lupe, welches Verhalten Sie auf die Palme bringt. Was müssen andere ganz konkret tun, damit Sie verletzt reagieren?

Dies sind keine abschließenden Listen. Sollten Sie durch diese Vorgaben angeregt sein, weitere Verhaltensweisen zu entdecken, tragen Sie es bitte bei den offenen Punkten ein.

Werkzeug 1: **Wunde Punkte – vier Checklisten**

Was müssen andere Menschen tun, damit Sie verletzt reagieren?

Welche Mimik und Blicke zeigen sie?

- ➔ Sie schauen mich nicht an.
- ➔ Sie rollen mit den Augen.
- ➔ Sie starren mich an.
- ➔ Sie lächeln süffisant.
- ➔ Sie haben einen teilnahmslosen, leeren Blick.
- ➔ Sie haben einen mitleidigen Blick.
- ➔ Sie blicken herablassend von oben nach unten.
- ➔ Sie schauen mich zornig an.
- ➔ Sie sehen skeptisch drein.

- Sie haben einen gierigen Blick.
- Sie rümpfen die Nase.
- Sie verziehen den Mund.
- Sie kauen auf den Lippen.
- Sie haben zusammengepresste Lippen.
- Sie ziehen die Augenbrauen hoch.
- Sie haben ein dauerhaftes Lächeln.
- Sie haben heruntergezogene Mundwinkel.
- Sie wirken maskenhaft und undurchschaubar.
- Sie können meinem Blick nicht standhalten.
- Sie ...

Welche Gestik und Körperhaltung zeigen sie?

- Sie zucken gleichgültig mit den Schultern.
- Sie machen eine wegwerfende Handbewegung.
- Sie erheben den mahnenden Zeigefinger.
- Sie zeigen mit dem Finger auf mich.
- Sie sitzen zurückgelehnt mit beiden Händen hinter dem Kopf.
- Sie schütteln immer wieder mit dem Kopf.
- Sie rücken mir auf die Pelle.
- Sie stehen steif wie ein Stock da.
- Sie trommeln unruhig mit den Fingern.
- Sie stützen ihren Kopf gelangweilt in der Hand ab.
- Sie wippen unruhig mit den Beinen.
- Sie wahren große Distanz zu mir.
- Sie plustern sich vor mir auf.
- Sie ...

Wie sprechen sie?

- Sie sprechen schrill.
- Sie nuscheln.
- Sie flüstern.
- Sie kommandieren.
- Sie sprechen gehetzt und atemlos.
- Sie beschimpfen mich.
- Sie äußern sich zynisch.
- Sie räuspern sich mehrfach laut.
- Sie sprechen in einem spitzen Ton.
- Sie hauchen kraftlos ein paar Silben.
- Sie schweigen viel sagend.
- Sie sprechen im Klageton.
- Sie seufzen und stöhnen.
- Sie sprechen in Rätseln.

- Sie holen weitschweifig aus.
- Sie ...

Welches Verhalten zeigen sie?

- Sie unterbrechen mich.
- Sie lassen mich nicht zu Wort kommen.
- Sie spielen sich wichtigtuerisch auf.
- Sie gehen mir aus dem Weg.
- Sie verdrehen mir das Wort im Mund.
- Sie missbrauchen mein Vertrauen.
- Sie verhalten sich kalt und arrogant.
- Sie setzen sich nicht mit meinen Vorschlägen auseinander.
- Sie schüchtern mich ein.
- Sie kritisieren mich und wissen alles besser.
- Sie mischen sich in mein Leben ein.
- Sie attackieren mich mit Schimpfworten.
- Sie lachen mich aus.
- Sie machen Witze auf meine Kosten.
- Sie verniedlichen und beschwichtigen ernsthafte Probleme.
- Sie geben keine Informationen an mich weiter.
- Sie halten getroffene Vereinbarungen nicht ein.
- Sie ...

→ ***Praxis*tipp:**

Wer seine wunden Punkte kennt, weiß, dass die aktuellen Piekser nicht die Ursache, sondern nur die Auslöser für die momentane Verletzung sind. Die Wunde wurde bereits in der Vergangenheit geschlagen.

Wenn Sie bewusst zwischen damals und heute unterscheiden und dadurch eine reflexhafte Alarmreaktion verhindern, können Sie mehr Abstand zum aktuellen Geschehen gewinnen.

→ Reflexion

Greifen Sie aus der Liste der verletzenden Verhaltensweisen eine einzige heraus und erinnern Sie sich, an wem Sie dieses Verhalten in der Vergangenheit zum ersten Mal oder in besonders starkem Maße aufgeregt hat.

Vielleicht waren Sie damals noch ein Kind und eine wichtige Bezugsperson (Eltern, Lehrer etc.) hat Sie auf diese Weise sehr getroffen.

Dann führen Sie sich zum Abgleich nochmals die aktuelle Verletzungssituation vor Augen und sagen sich zum Beispiel: „Mein Chef ist nicht mein Vater. Er hat mich mit seinem Verhalten nur an die alte, schmerzhafte Erfahrung mit meinem Vater erinnert."

Beispiel:

Frau Weber arbeitet seit kurzem in einem Projektteam mit. Jeden Montag Vormittag findet eine Jour-fixe-Besprechung statt. Frau Weber ist sehr darum bemüht, im Team einen guten Eindruck zu hinterlassen, denn sie ist mit Abstand die Jüngste und Unerfahrenste unter allen Mitgliedern. Der Projektleiter hat die Angewohnheit, die Kolleginnen und Kollegen immer wieder mit Witzen und flotten Sprüchen auf die Schippe zu nehmen, denn er mag „witzige Wortgefechte – die lockern doch die Stimmung auf."

Gleich in der ersten Sitzung ist dies auch Frau Weber widerfahren. Während die Kollegen scheinbar kein Problem mit diesem Verhalten haben, geht es Frau Weber mächtig auf die Nerven. Sie muss sich sehr zusammenreißen, um „dem Kerl nicht mal die Meinung zu sagen". An einem Montagabend trifft sie sich nach Dienstschluss mit einer Freundin zum Abendessen. Sie klagt ihr Leid. Die Freundin, die sie schon seit ihrer Schulzeit kennt, sagt schließlich: „Kein Wunder, dass der dich nervt. Das ist die gleiche Leier wie mit unserem Klassenlehrer in der Grundschule. Der hat auch immer Witze über dich gemacht und du hast dich total ohnmächtig gefühlt. Ich denke, es ist hilfreich, wenn du den Klassenlehrer ganz bewusst draußen vor der Tür lässt, wenn du nächsten Montag zur nächsten Sitzung gehst. Und vielleicht musst du deinem Chef mal unter vier Augen sagen, dass du das nicht möchtest."

2.3 Nicht in die Opferrolle verfallen

Der Hauptschlüssel zu unserer Verletzlichkeit liegt jedoch in der Entscheidung, ob wir nach den ausgeteilten Pieksern in die Opferrolle gehen oder nicht. Das Opfer definiert sich als ohnmächtig. Der andere tut etwas Böses mit ihm und es ist dieser Tat hilflos ausgeliefert. Die zugefügten Verletzungen werden passiv erlitten. In dieser Sichtweise trägt der Täter die Verantwortung für unsere Gefühle der Kränkung. Dabei gehen Kränkungsgefühle in erster Linie auf unsere Einstellung zu den Pieksern zurück.

Wenn wir die Opferrolle einnehmen, sagen wir, dass der andere uns beleidigt, nicht beachtet, eingeschüchtert oder hintergangen hat. Mit genau den gleichen Worten beschreiben wir dann unsere Gefühle. Wir fühlen uns dementsprechend beleidigt, nicht beachtet, eingeschüchtert oder hintergangen. So als ob die andere Person eine direkte Macht über unsere Gefühle hätte. Dem ist aber nicht so. Lediglich Menschen mit einer Tendenz zum Opferstatus sehen das so.

➜ DER WIRKLICHE GRUND FÜR UNSERE VERLETZTEN GEFÜHLE IST IN UNERFÜLLTEN BEDÜRFNISSEN ZU FINDEN.

Denn Gefühle und Bedürfnisse stehen in einem unmittelbaren Zusammenhang. Ist zum Beispiel unser Bedürfnis nach Zugehörigkeit nicht erfüllt, fühlen wir uns traurig und einsam.

Unsere Gefühle führen uns zu den nicht erfüllten Bedürfnissen

Erst über die Gefühle spüren wir, wie es um unsere Bedürfnisse bestellt ist. Den Gefühlen kommt dabei eine Signalfunktion zu wie den Warnleuchten im Auto. Sobald ein Lämpchen rot oder gelb aufleuchtet, wissen wir, dass mit dem Versorgungssystem etwas nicht stimmt. In diesem technischen Fall nehmen wir es in der Regel als dankenswerten Hinweis auf. Bei uns selber fällt uns das weitaus schwerer.

Die erwähnten Kränkungsgefühle sind im übrigen auch keine echten Gefühle. Es handelt sich vielmehr um Interpretationen fremden Verhaltens, die sprachlich mit dem Verb „fühlen“ in Verbindung gesetzt werden. Diese gedachten Gefühle haben für das Opfer den Vorteil, dass die Verantwortung für ihre missliche Gefühlslage dem Täter zugeschoben wird.

➜ Reflexion

In der folgenden Liste finden Sie eine Reihe von gedachten Gefühlen. Untersuchen Sie diese bitte nach ihrem gemeinsamen Nenner. Können Sie erkennen, dass bei allen ein Täter mitgedacht wird, dem die Schuld für das jeweilige Empfinden zugeschrieben wird?

Werkzeug 2:
Checkliste der gedachten Gefühle (Pseudogefühle)

angegriffen	bedroht	bevormundet
ausgebeutet	beschämt	eingeengt
ausgenutzt	betrogen	eingeschüchtert

festgenagelt	missbraucht	unterbrochen
gequält	nicht beachtet	unter Druck gesetzt
genervt	nicht ernst genommen	unterdrückt
gestört	nicht unterstützt	verlassen
gezwungen	nicht respektiert	vernachlässigt
herabgesetzt	niedergemacht	vernichtet
hintergangen	provoziert	vertrieben
in die Enge getrieben	sabotiert	zurückgewiesen
manipuliert	übergangen	

Pseudogefühle schützen uns vor dem Schmerz echter Gefühle

Mit gedachten Gefühlen (Pseudogefühlen) versuchen wir uns vor unseren echten Gefühlen zu schützen. Mit denen würden wir ganz bei uns bleiben, ohne die Verantwortung dafür abzuschieben. Wir würden dann vielleicht sagen, dass wir irritiert, traurig, genervt oder enttäuscht sind. Im Unterschied zu den gedachten Gefühlen sind sie nie festgefahren, sondern einem dauernden Wechsel unterworfen. Sie bleiben nicht so lange bestehen. Wer sich also seinen echten Gefühlen stellt, wird bemerken, wie rasch sie sich verändern. Mal werden sie stärker, bald danach flachen sie wieder ab, um anschließend erneut aufzuflammen. Dann lassen sie wieder nach und verflüchtigen sich nach einiger Zeit. Opfer können das natürlich nicht wollen. Dann wären ja auch die vermeintlich Schuldigen von ihrer Schuld befreit. Das Nachtragen der Opfer bindet jedoch sehr viel Energie, die ihnen für konstruktive Lösungen fehlt.

Werkzeug 3: Machen Sie sich klar, wie Kränkungen entstehen

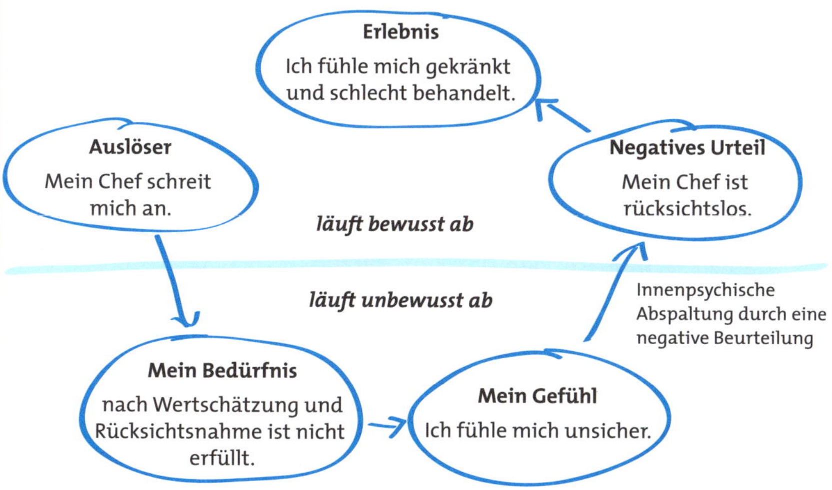

Wenn wir uns von anderen gekränkt und verletzt fühlen, spalten wir uns also von unseren echten Gefühlen ab. Wir gehen in den Kopf und bilden ein negatives Urteil über den anderen. Das geschieht meist in der Hoffnung, dadurch die Kontrolle über die Situation zu behalten.

Doch genau das Gegenteil trifft zu. Denn wer die echten Gefühle abspaltet und gar nicht mehr spüren will, verstellt sich den Ausgang aus der verfahrenen Situation. Indem er in die Opferrolle geht, macht er sich vom anderen abhängig, weil nur noch dieser eine Lösung herbeiführen kann. Der Täter muss seine Schuld einsehen und um Entschuldigung bitten. Das Opfer kann auf diese Handlung nur noch manipulativ mit der moralischen Keule und dem Erzeugen von schlechtem Gewissen hinwirken.

2.4 Konstruktives Feedback

Man kann es sich nicht deutlich genug vor Augen führen: Mit dem Versuch, durch das Abspalten der echten Gefühle die Kontrolle über die Situation zu bewahren, geben wir die Kontrolle in Wirklichkeit aus der Hand. Wir übertragen auf diese Weise nämlich die Verantwortung für unsere Gefühle auf die andere Person und schränken uns in unserer Handlungsfreiheit erheblich ein.

➜ Die passive Opferrolle lässt sich nur vermeiden, wenn wir die Verantwortung für unsere Gefühle behalten. Das bedeutet, dass wir aktiv darauf hinwirken, dass unsere Bedürfnisse Anerkennung finden.

Das beste Mittel dazu ist ein offenes Gespräch mit der anderen Person, in dem wir ihr mitteilen, was ihr bisheriges Verhalten in uns auslöste und was wir brauchen, damit es uns in Zukunft besser geht. Viele schrecken vor solch einer ehrlichen Rückmeldung zurück, weil sie Sorge haben, damit die andere Person zu vergraulen. Ein gelungenes Feedback verzichtet jedoch auf jegliche Schuldzuweisung und ist angriffsfrei formuliert. Damit es seine Wirkung entfaltet, sollten folgende sieben Grundsätze berücksichtigt werden.

Werkzeug 4: Sieben Grundsätze für konstruktives Feedback

1. Wählen Sie den richtigen Zeitpunkt für das Gespräch.
2. Handeln Sie nicht aus dem ersten Ärger heraus.
3. Äußern Sie sich zeitnah zu den Vorkommnissen.
4. Beschränken Sie Ihr Feedback zunächst auf einen Sachverhalt.
5. Seien Sie so konkret wie möglich in Ihren Aussagen.
6. Verzichten Sie auf bewertende und interpretierende Äußerungen.
7. Achten Sie auf das richtige Umfeld.

1. Wählen Sie den richtigen Zeitpunkt für das Gespräch

Ihre Rückmeldung fällt nur dann auf fruchtbaren Boden, wenn Ihr Gesprächspartner für ein Feedback bereit ist. Wer in einem ungünstigen Moment überfallen wird, ist nicht offen für das Gehörte. Stellen Sie deswegen sicher, ob Ihr Gesprächspartner ein offenes Ohr für Sie hat. Teilen Sie ihm kurz mit, dass Sie etwas auf dem Herzen haben und darüber mit ihm sprechen wollen. Fragen Sie dann nach, ob er gerade bereit ist, Ihnen zuzuhören. So holen Sie sich aktiv die Zustimmung zu Ihrem Feedback.

2. Handeln Sie nicht aus dem ersten Ärger heraus

Wenn wir uns so richtig über die andere Person aufregen, wollen wir, dass sie unseren Ärger auch deutlich zu spüren bekommt. Wir meinen dann, dass sie so am besten merkt, wie sehr sie uns wehgetan hat. Aber Schimpfen, Schreien und Moralpredigten führen nur zu einem kurzfristigen Dampfablassen. Als Feedback für die andere Person taugen sie nicht. Denn sie enthalten keine Nahrung (engl. feed = Futter) für unser Gegenüber, damit es mit unserer Information sein Verhalten ändern könnte. Vorwürfe und Anklagen erzeugen nur Verteidigung und Abwehr. Was wir hingegen brauchen, ist eine konstruktive Verständigungsbasis.

3. Äußern Sie sich zeitnah zu den Vorkommnissen

Wie wir eben gesehen haben, birgt eine unmittelbare Reaktion die Gefahr in sich, dass wir uns dabei zu destruktiven Äußerungen hinreißen lassen. Es ist oft sinnvoll, eine Nacht über einen Vorfall zu schlafen, bevor wir dazu Stellung nehmen. Allerdings sollte auch nicht zu lange gewartet werden. Denn ein zu spätes Feedback fördert Erinnerungslücken auf beiden Seiten. Der Vorfall lässt sich dann nur noch vage rekonstruieren. Missverständnisse sind so vorprogrammiert. Auch wird sich der Kritisierte darüber wundern, dass er sich jetzt noch mit den alten Kamellen auseinandersetzen soll. Der Feedbackgeber wird auf diese Weise schnell als nachtragend und überempfindlich wahrgenommen.

4. Beschränken Sie Ihr Feedback zunächst auf einen Sachverhalt

Selbst wenn Sie schon mehrere Piekser abbekommen haben und sich erst jetzt zu einem Feedback entschließen, sollten Sie nun nicht zu einem Rundumschlag ausholen. Konzentrieren Sie sich bei Ihrer Rückmeldung auf ein konkretes Vorkommnis. So erleichtern Sie Ihrem Gegenüber, sich Ihrer Sichtweise anzuschließen. Je mehr Ereignisse Sie auf einmal nennen, desto eher reagiert Ihr Gesprächspartner mit einer Verteidigungshaltung. Denn es klingt für ihn so, als ob Sie akribisch viele Belege für seinen fehlerhaften Charakter gesammelt haben. Im Übrigen laden Sie den anderen zu Ausweichreaktionen ein, wenn Sie zu viele Situationen anführen. Unter dem Druck der „Anklagepunkte" wird er bevorzugt auf die weniger gravierenden Vorkommnisse ausweichen und damit zeigen wollen, dass Sie in Ihrer Einschätzung übertreiben.

5. Seien Sie so konkret wie möglich in Ihren Aussagen

Je konkreter Sie Ihr Feedback äußern, desto leichter kann Sie Ihr Gegenüber verstehen. Wer sich hingegen pauschal und verallgemeinernd äußert, verhindert eine konstruktive Verständigungsbasis. Denn der Empfänger Ihrer Worte erkennt zu Recht, dass Sie nicht bei den Fakten bleiben und zu Übertreibungen neigen. Dagegen wehrt er sich.

- → Folgende Formulierungen verraten, dass Sie sich von den konkreten Tatsachen abgewendet haben und unzulässige Pauschalisierungen benutzen: „immer – nie – ständig – dauernd".
- → Aber auch unpräzise Formulierungen, die verallgemeinerte Ereignisse wieder relativieren, sind als Verständigungsbasis nicht geeignet. Dazu zählen Worte wie „manchmal – häufig – oft – eigentlich".

6. Verzichten Sie auf bewertende und interpretierende Äußerungen

Bewertungen und Interpretationen sind die mit Abstand häufigsten Fehler, die uns beim Feedback unterlaufen. Mit Urteilen und Bewertungen wollen wir die Kontrolle über eine Situation bewahren. Wir können jedoch nicht erwarten, dass sich unser Gegenüber unseren negativen Urteilen so einfach anschließt. Auch damit provozieren wir nur eine Verteidigungshaltung, die den Sinn der Rückmeldung vereiteln wird. Eine gemeinsame Sichtweise lässt sich nur aufbauen, wenn Sie ausschließlich eine Beschreibung des Vorkommnisses abgeben und dem anderen dann mitteilen, zu welchen Auswirkungen das bei Ihnen führte. Mit Interpretationen verzerren wir die Ereignisse und machen sie für uns passend. Wir fügen etwas Eigenes hinzu und vermitteln unserem Gegenüber damit, wir wüssten besser als er, was gemeint ist.

7. Achten Sie auf das richtige Umfeld

Nehmen Sie sich ausreichend Zeit für Ihr Feedback. Zwischen Tür und Angel ist ein schlechter Ort. Achten Sie darauf, dass Sie anderen Menschen kritisches Feedback nicht vor zufälligen Zeugen geben. Vertrauensschutz ist wichtig. Sorgen Sie dafür, dass Sie nicht gestört werden. Telefone lassen sich umleiten oder zur Not auch ausschalten. Und vermeiden Sie unbedingt andere Ablenkungen.

Wie lassen sich nun die passenden Worte in einer konkreten Situation finden? Die gewaltfreie Kommunikation bietet dazu eine praktische Formulierungshilfe an.

Werkzeug 5: Vier Schritte für ein gelingendes Feedback

1. Teilen Sie mit, ohne zu bewerten (Anlass)
2. Sagen Sie, was es bei Ihnen ausgelöst hat (Wirkung)
3. Begründen Sie, warum Sie so reagiert haben (Motiv)
4. Äußern Sie eine konkrete Bitte (Lösungsvorschlag)

1. Teilen Sie mit, ohne zu bewerten (Anlass)

Die Beschreibung soll nicht mit einer Bewertung vermischt sein, weil der andere sonst leicht eine Kritik heraushört und sich dem sperrt, was Sie ihm mitteilen wollen. Bleiben Sie deswegen bei der reinen Beobachtung. Das verhindert feste Zuschreibungen und statische Verallgemeinerungen. Statt zu sagen: „Du bist egoistisch“, können Sie äußern: „Mir ist aufgefallen, dass du die letzten beiden Tage sitzen geblieben bist, wenn wir das Geschirr und die Essensreste nach der Besprechung abgetragen haben.“

→ Übung

Testen Sie selber die Wirkung, die ein Satz mit oder ohne Bewertung für Sie hat. Bei welchem bleibt Ihre Gesprächsbereitschaft auch weiterhin erhalten?

- → „Sie arbeiten sehr unzuverlässig.“
- → „Sie haben mir am Donnerstag letzter Woche zugesagt, dass ich die Bilanzen am Montag auf dem Schreibtisch habe. Heute ist bereits Mittwoch und ich habe sie noch nicht vorliegen.“

Es braucht einiges an Übung, besonders in emotional angespannten Situationen auf bewertende Äußerungen zu verzichten. Denn die Beurteilungen schießen uns blitzschnell in den Kopf. Dann meldet sich zum Beispiel ein unfreundlicher Kommentar: „So ein Idiot. Wie kann man sich nur so blöd anstellen!?“ Deswegen kann es nicht darum gehen, Bewertungen zu verurteilen oder ganz abschaffen zu wollen. Das wäre eine sehr verlogene Angelegenheit mit einer gefährlichen Doppelmoral. Entscheidend ist nur, dass wir Beobachtungen klar von Bewertungen trennen. Wenn wir bewerten, schreiben wir anderen Menschen feste Eigenschaften zu. Mit solchen statischen Verallgemeinerungen in Form von Du-Botschaften verstecken wir uns hinter einer scheinbaren Objektivität.

2. Sagen Sie, was es bei Ihnen ausgelöst hat (Wirkung)

Wir können nicht objektiv sein und wollen es auch nicht. Wer meint, dass mit dem Benennen von beobachtbaren Tatsachen nun die reine Sachlichkeit in Ihr Leben einziehen soll, irrt. Natürlich sind da Gefühle, die Sie unter Umständen sogar sehr bewegen. Sie brauchen sie selbstverständlich nicht zu unterdrücken. Die Kunst besteht nur darin, sie so zu äußern, dass sie zu einem verbindenden Moment in der Kommunikation werden.

Teilen Sie der anderen Person also mit, wie Sie sich in Bezug auf Ihre Beobachtung fühlen. Was halten Sie von folgendem Vorschlag? Jemand äußert sich so zu seinem Kollegen: „Ich fühle mich hintergangen, wenn Sie nur Frau Keller über das neue Projekt informieren.“ Wir sind der Meinung, dass diese Aussage nicht dazu geeignet ist, die offene Verbindung aufrechtzuerhalten. Aus zwei Gründen. Zum einen wird der Kollege durch die Hintertür beschuldigt, für das schlechte Gefühl verantwortlich zu sein. Dann hat auch die nichtbewertende Beobachtung nichts geholfen. Zum anderen ist hier gar kein echtes Gefühl benannt worden, sondern nur ein gedachtes. Wir haben auf den Unterschied bereits hingewiesen (siehe Kap. 2.3).

→ Wenn „Gefühle" so ausgedrückt werden, dass andere dafür verantwortlich sind, werden diese mit grosser Sicherheit einen Vorwurf heraushören und auf die nachgeschobene Verurteilung mit Abwehr reagieren.

Machen Sie sich noch einmal klar: Andere sind nicht die Ursache unserer Gefühle, sondern allenfalls ihr Auslöser. Natürlich reagieren wir mit Gefühlen auf erfüllte oder unerfüllte Bedürfnisse – je nachdem mit angenehmen oder unangenehmen Gefühlen. Gefühle sind untrennbar mit Bedürfnissen verbunden. Und zwar so, dass Bedürfnisse durch Gefühle spürbar und sichtbar werden.

Je bewusster Sie auf Ihre Sprachgewohnheiten achten, desto mehr werden Sie feststellen, dass Ihnen oft die passenden Worte für Ihre wirklichen Gefühle fehlen. Viele Menschen können auf die Frage nach ihrem Befinden nur mit „gut" oder „schlecht" antworten. Wir empfehlen Ihnen, sich einen aktiven Wortschatz für die Benennung Ihrer Gefühle aufzubauen. Folgende Liste soll Ihnen eine Anregung sein, Ihre Gefühle in einer konkreten Situation leichter benennen zu können (nach Rosenberg 2005).

Werkzeug 6:
Checkliste der Gefühle, die auf erfüllte Bedürfnisse hinweisen

angeregt	friedlich	munter
ausgeglichen	fröhlich	mutig
befreit	gebannt	neugierig
begeistert	gefasst	optimistisch
berührt	gelassen	ruhig
bewegt	gespannt	selbstsicher
energiegeladen	gesammelt	sicher
engagiert	glücklich	überrascht
entschlossen	heiter	überwältigt
entspannt	hoffnungsvoll	unbekümmert
erfreut	klar	vergnügt
erfrischt	lebendig	wach
erfüllt	leicht	wissbegierig
ergriffen	locker	zufrieden
erleichtert	lustig	zuversichtlich
erstaunt	motiviert	

Werkzeug 7:
Checkliste der Gefühle, die auf unerfüllte Bedürfnisse hinweisen

ängstlich	erschrocken	niedergeschlagen
angespannt	erschüttert	sauer
aufgeregt	frustriert	traurig
ausgelaugt	gehemmt	unglücklich
bedrückt	geladen	unter Druck
beklommen	gelähmt	ungeduldig
besorgt	gelangweilt	unruhig
bestürzt	genervt	unzufrieden
betroffen	hasserfüllt	verärgert
bitter	hilflos	verspannt
deprimiert	irritiert	verzweifelt
einsam	kalt	verwirrt
elend	leblos	widerwillig
empört	lustlos	wütend
enttäuscht	müde	zögerlich
ernüchtert	nervös	zornig

Im Arbeitsleben haben die meisten Menschen eine besonders große Scheu, Gefühle zu zeigen. Sie halten es für ein Eingeständnis von Schwäche. Als aktiv gestaltender Mensch haben Sie jedoch auch hier die Möglichkeit, nur die Gefühle zu zeigen, die Sie wollen. Sätze mit der minimalsten Aussagekraft wie „Ich bin überrascht, irritiert, frustriert, gestresst oder erfreut“, gehen immer und überall.

3. Begründen Sie, warum Sie so reagiert haben (Motiv)

Wir machen es anderen leichter, uns in der Sache entgegenzukommen, wenn sie unsere Motive kennen. Dann erklärt sich vieles von selbst. Dann wird plötzlich klar, warum wir zum Beispiel so verärgert in einer Situation reagieren. Nicht, weil die anderen daran schuld sind, sondern weil etwas nicht erfüllt wurde, das uns sehr wichtig ist: Bedürfnisse. Bedürfnisse verbinden Menschen zudem, weil wir alle dieselben teilen, wenn auch in unterschiedlichem Maß und nicht immer zeitgleich. Das macht es anderen leichter, uns zu verstehen.

Für die Formulierung bedeutet das, dass im dritten Schritt der tatsächliche Grund für die durch die Beobachtung ausgelösten Gefühle benannt wird. Im Beispiel der letzten Übung klingt das dann so:

→ „Sie haben mir am Donnerstag letzter Woche zugesagt, dass ich die Bilanzen am Montag auf dem Schreibtisch habe. Heute ist bereits Mittwoch und ich habe sie noch nicht vorliegen (1. Schritt). Das stört mich (2. Schritt), weil mir Zuverlässigkeit wichtig ist (3. Schritt). Ich bitte Sie, mir die Unterlagen bis heute Nachmittag um 17 Uhr nachzureichen (4. Schritt)."

Der Sprecher macht klar, dass seine Verärgerung aus dem unerfüllten Bedürfnis nach Zuverlässigkeit resultiert. Er macht nicht den anderen für sein Empfinden verantwortlich, sondern möchte im weiteren Gespräch dafür Sorge tragen, dass sein Bedürfnis in Zukunft wahrgenommen wird. Er handelt eigenverantwortlich.

Leider ist es um unsere Wahrnehmung für eigene und fremde Bedürfnisse nicht zum Besten bestellt. Deswegen können wir mit anderen darüber oft gar nicht in Kontakt kommen. Viele Menschen verspüren auch eine Scham, sich selbstbewusst in ihren Bedürfnissen und Ansprüchen zu zeigen. Jammern ist ein klassisches Beispiel für das Unvermögen, das eigene Leben selbstverantwortlich in die Hand zu nehmen. Stattdessen wird geklagt, dass es nicht so ist, wie es sein sollte. Was man will und wie andere zur Unterstützung dieses Wunsches zu gewinnen sind, weiß der Jammernde nicht. Zumindest fehlt ihm das Zutrauen, eine konstruktive Lösung für sein Anliegen zu finden.

Auch hier finden Sie eine Liste zur Anregung, Ihre Bedürfnisse in einer konkreten Situation leichter ausfindig zu machen (nach Holler 2008).

Werkzeug 8: **Checkliste unserer Bedürfnisse**

- Abwechslung
- Aktivität
- Anerkennung
- Akzeptanz
- Aufrichtigkeit
- Austausch
- Authentisch sein
- Autonomie
- Balance von
  - → Arbeit und Freizeit
  - → Geben und Nehmen
  - → Sprechen und Zuhören
  - → aktiv sein und ausruhen
- Bewegung
- Bewusstheit

- Beständigkeit
- Bildung
- Disziplin
- Effektivität
- Ehrlichkeit
- Einfachheit
- Einfühlsamkeit
- Engagement
- Entspannung
- Entwicklung
- Erfolg
- Ernst genommen werden
- Feiern
- Flexibilität
- Freiheit
- Freizeit
- Freude bereiten
- Freundlicher Umgang

- Frieden
- Geborgenheit
- Gelassenheit
- Genuss
- Gesundheit
- Gemeinschaft
- Gleichwertigkeit
- Glück
- Großzügigkeit
- Harmonie
- Herausforderung
- Hilfsbereitschaft
- Humor
- Identität
- Initiative
- Integrität
- Inspiration
- Kultur
- Kompetenz

Konfliktfähigkeit
Kongruenz
Kontakt
Konzentration
Kraft
Kreativität
Lebensfreude
Lebenserhalt
Liebe
Menschlichkeit
Mitgefühl
Mut
Nähe
Natur
Offenheit
Optimismus
Originalität
Ordnung
Privatsphäre
Pünktlichkeit
Respekt
Ruhe
Rücksichtnahme
Selbstbestimmung
Selbstvertrauen
Selbstverwirklichung
Sicherheit
Sinnhaftigkeit
Schutz
Sport
Umweltschutz
Sexualität
Spiritualität
Stärke
Struktur
Tatkraft
Tiefe
Toleranz
Unterstützung
Verantwortung
Verbundenheit
Vergnügen
Vertrauen
Verständigung
Vielfalt
Wahrgenommen werden
Wärme
Weitblick
Wertschätzung
Zeit sinnvoll nutzen
Zielstrebigkeit
Zugehörigkeit
Zuverlässigkeit

Bedürfnisse dürfen im Übrigen nicht mit Strategien verwechselt werden. Denn eine Strategie ist bereits eine konkrete Vorstellung, wie ein Bedürfnis erfüllt werden kann. Darin sind wir in unserer Kultur viel geübter. Lösungen müssen her, selbst dann, wenn die Situation noch nicht einmal geklärt ist. Dabei werden jedoch viele kluge Handlungsmöglichkeiten übersehen.

Es ist etwas anderes, ob ich zu jemandem sage:

- „Ich bin sauer, weil ich Anerkennung brauche." (Bedürfnis) oder
- „Ich bin sauer, weil ich mehr Anerkennung von dir möchte." (Strategie).

Im ersten Fall belasse ich die Verantwortung ganz bei mir, im zweiten Fall wird der andere zu einem Teil meines Problems. Dadurch werden die Lösungsmöglichkeiten natürlich eingeschränkt. Es wird so getan, als ob die Bedürfnisse sich nur mithilfe des anderen erfüllen lassen.

Werkzeug 9: Kriterien für Bedürfnisse

- allgemein formuliert
- frei von konkreten Handlungen
- positiv ausgedrückt
- frei von Orts- und Zeitangaben
- unabhängig von der Mitwirkung bestimmter Menschen

→ Übung

Formulieren Sie die folgenden strategischen Äußerungen in Bedürfnissprache um:

- „Ich möchte mit dir im Sommer an die Nordsee fahren."
- „Ich brauche keine Unterstützung."
- „Ich möchte, dass mein Chef meine Arbeit würdigt."
- „Mir ist wichtig, mit dir gemeinsam zur Besprechung zu gehen."

4. Äußern Sie eine konkrete Bitte (Lösungsvorschlag)

Sie haben nun einiges dafür getan, dass die Verbindung zu Ihrem Gesprächspartner auch bei einem schwierigen Thema aufrechterhalten bleibt. Damit haben Sie die Chancen erhöht, auch das zu bekommen, was Sie brauchen. Äußern Sie nun eine klare Bitte, damit Ihr Gegenüber genau weiß, was Sie wollen.

Zu einer wohlgeformten Bitte gehören drei Bedingungen:

- konkretes, beobachtbares Verhalten
- positiv formuliert
- jetzt überprüfbar

Konkretes, überprüfbares Verhalten = Tun statt Sein

Erfüllbare Bitten sind keine frommen Wünsche, die unsere Mitmenschen anders haben wollen. Wünsche wie: „Bitte seien Sie in Zukunft ordentlicher und gewissenhafter", sagen dem anderen nicht genau, was er dazu konkret beitragen kann. Überprüfbar und machbar wird die Bitte erst dann, wenn konkrete Verhaltensweisen genannt werden: „Bitte bringen Sie die Akten gleich nach der Sitzung wieder zu Frau Eckert zurück."

Positiv formuliert = Tun statt Vermeiden

Viele sagen gewohnheitsmäßig, was sie nicht wollen. Zum Beispiel: „Bitte lassen Sie die Akten nicht bis zum nächsten Tag im Besprechungsraum liegen." Das lenkt die Aufmerksamkeit auf Probleme. Ein motivierendes Bild von der Lösung wird damit nicht vermittelt. Die Chancen auf die Umsetzung schwinden so wieder.

Jetzt überprüfbar = Tun statt Hoffen

Wenn Bitten keinen Gegenwartsbezug haben, handelt es sich bloß um Wünsche. Wir wollen jetzt einen Beleg dafür, ob wir die Zustimmung unseres Gegenübers bekommen oder nicht. Sonst schwebt alles nur in der Luft. Eine Verbindlichkeit, auf die wir uns verlassen könnten, fehlt. Wenn Sie um ein zukünftiges Verhalten bitten, können Sie einen Bezug zur Gegenwart herstellen, indem Sie sagen: „Ich bitte Sie, in der nächsten Woche jeden Tag spätestens bis 8.30 Uhr da zu sein. Sind Sie bereit, mir das jetzt zuzusagen?“

Grundsätzlich kommen zwei Arten von Bitten in Betracht:

Lösungsbitten:
Hier bittet jemand um eine konkrete Handlung, die zur Lösung des Problems führen soll.

- „Ich bitte Sie, mir die zugesagten Unterlagen bis heute Nachmittag um 17 Uhr nachzureichen.“

Kontaktbitten:
Mit ihnen soll sichergestellt werden, dass wir überhaupt noch in einem guten Kontakt sind. Ohne diese Basis brauchen wir erst gar nicht um eine konkrete Lösung anzufragen.

So ist es manchmal nötig, erst zu klären, wie ich von meinem Gegenüber verstanden wurde.

- „Können Sie mir bitte sagen, was bei Ihnen angekommen ist.“
- „Was haben Sie mich sagen gehört?“

Auf der anderen Seite ist es manchmal hilfreich, wenn wir Klarheit darüber schaffen, wie es nach unseren Aussagen um die andere Person bestellt ist.

- „Wie geht es Ihnen, wenn Sie das von mir hören?“
- „Mögen Sie mir sagen, wie das jetzt für Sie ist?“

Werkzeug 10:
Formulierungsvorschlag für die 4 Schritte für gelingendes Feedback:

→ Anlass:	Wenn ich sehe, höre ...
→ Wirkung:	fühle ich mich ...
→ Motiv:	Mir ist ... wichtig.
→ Bitte:	Deswegen bitte ich Sie ... zu tun.

→ Übung

Formulieren Sie nun ein Feedback an eine Person, deren Verhalten Sie gestört hat.

→ Teilen Sie Ihre Beobachtungen mit, ohne zu bewerten (Anlass).

→ Sagen Sie, was es bei Ihnen ausgelöst hat (Wirkungen).

→ Begründen Sie, warum Sie so reagiert haben (Motiv).

→ Äußern Sie eine konkrete Bitte (Lösungsvorschlag).

3 Die Konfliktphase

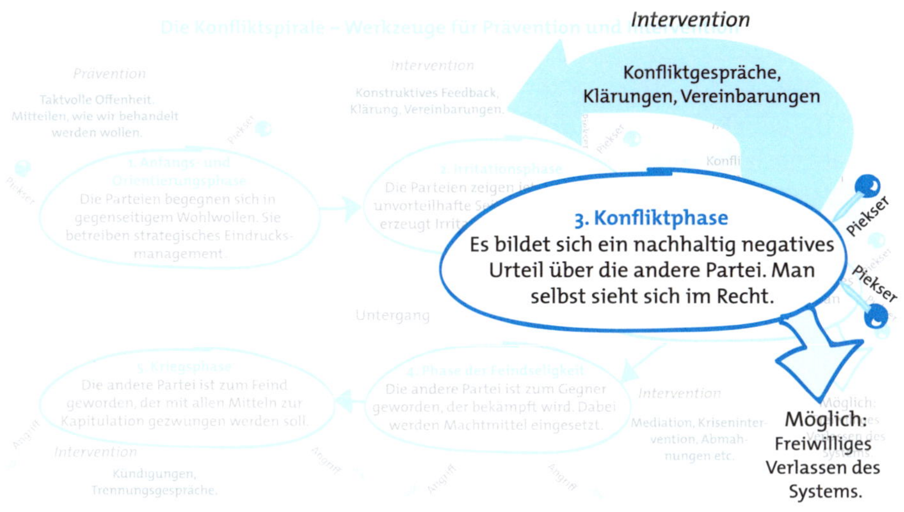

Wenn wir den Mut nicht aufbringen, unserem Gegenüber ein Feedback zu seinem Verhalten zu geben, verschenken wir damit natürlich die Chance, dass es in Zukunft zu einer Verhaltensänderung kommt. Schließlich fehlt dem anderen die Information, was sein Verhalten bei uns bewirkt. Und so wird es nicht ausbleiben, dass wir weiteren Pieksern ausgesetzt sind. Erneut kratzen sie an unserem wunden Punkt. Durch die Wiederholungen sind wir mittlerweile dünnhäutiger geworden. Die Verletzung lässt sich nicht mehr so leicht wegstecken, zumal sich bei der mehrfachen Wiederholung nun ein Verdacht einschleicht, dass das jetzt kein Zufall mehr sein kann, sondern eine böse Absicht dahinter stehen muss.

3.1 Die Veränderung unserer Wahrnehmung

Bei wachsendem Stress verändert sich unsere Wahrnehmung. Um uns vor weiteren Verletzungen zu schützen, verengt sich unser Blick auf die zu erwartenden Gefahren. Andere, durchaus positive und entlastende Hinweise werden ausgeblendet, weil sie den Blick auf die Gefahrenquelle ablenken würden. Es ist fast so, als säßen wir wie das Kaninchen vor der Schlange. Unsere ursprüngliche Offenheit und Unvoreingenommenheit sind verschwunden. Wir rechnen inzwischen schon mit weiteren Pieksern. Zuzutrauen ist es dem anderen schließlich schon.

Um uns zu schützen, gehen wir dem anderen nun auch häufiger aus dem Weg. Innerlich beschäftigen uns die Verletzungen sehr. Die Gedanken kreisen zunehmend um die erlittenen Vorfälle. Wir stellen fest, dass uns die Ereignisse nicht mehr loslassen. Dabei lecken wir gleichsam unsere Wunden und sind ganz auf unsere Gefühlslage fixiert.

Eine neue Sichtweise etabliert sich nun: Wir sind „der Gute" und der andere ist „der Böse". Die Beziehung hat dadurch einen entscheidenden Knacks bekommen. Was wir vormals noch differenziert und in bunten Farben gesehen haben, ist nun einem Schwarz-Weiß-Bild gewichen. Wir denken schlecht über die andere Person. Die Ereignisse haben sich zu einem ernsten Konflikt entwickelt. Durch diese Zutat des negativen Urteils wird aus einem Problem erst ein Konflikt.

Die Schuldfrage wird zur Belastung und verhindert Lösungen

Wenn es in dieser Situation zu einer längst fälligen Auseinandersetzung kommt, dann steht sie meist unter keinem guten Stern. Denn der Verletzte wird es kaum lassen können, dem anderen Vorwürfe zu machen und dabei die Schuldfrage zu stellen. Diese vergiftet die Beziehung zwischen den Konfliktparteien jedoch erheblich. Denn nun erwartet der eine vom anderen, dass er Einsicht zeigt und seine Schuld anerkennt. Diese Lösung wäre für den Verletzten akzeptabel und danach könnte man wieder – mit einiger Vorsicht – zur Tagesordnung übergehen. Bloß dummerweise teilt die andere Person unser einfaches schwarz-weißes Weltbild nicht, das sie zur Schuldigen erklärt. Sie hat ihre eigene Sicht der Dinge und wird dagegen halten. Sie nennt zum Beispiel Gründe für ihr Verhalten und beginnt sich zu rechtfertigen. Nur so einfach lassen wir ihr ihre Verteidigung nicht durchgehen. Wir stürzen uns auf die Schwachpunkte ihrer Argumentation und halten sie ihr mit vollem Eifer entgegen. Wir sind gespannt, wie sie sich auf diese Vorhaltungen einlassen wird. Es kann schließlich nicht sein, dass beide im Recht sind. Und um das Recht geht es auf den ersten Blick in diesem sich anbahnenden Machtkampf. Die Konfliktparteien sind in diesem Stadium sogar der Meinung, dass sie ausschließlich um die Sache streiten. Nur der jeweils andere verhält sich offenbar unsachlich. Je mehr es zu Vorwürfen und Anschuldigungen kommt, um so mehr schottet sich jede Partei in ihrer Position ab. Beide sind zunehmend in ihrer Sichtweise gefangen.

Wer sich abschottet, hört dem anderen nicht mehr zu

Das Schlimmste dabei ist, dass keine Partei der anderen noch wirklich zuhört. In diesem Machtkampf ums Recht besteht sogar auf jeder Seite die ernsthafte Sorge, dass man durch das Verstehen der anderen Position seinen eigenen Standpunkt schwächt. Deswegen wird umso lauter und kräftiger für die eigene Sichtweise getrommelt. Wenn das aber beide gleichzeitig tun, verhärten sich die Standpunkte nur. Ein Teufelskreis der Polarisierung ist im Gang. Dieser wird noch verstärkt, wenn die jeweiligen Streitpunkte zu grundsätzlichen Fragen überhöht werden. Dann geht es plötzlich um geheiligte Prinzipien, die zu retten sind.

Beispiel:

Frau Wagner ist genervt, dass ihre Kollegin, Frau Großhans, ihr mehrmals in der Woche Ratschläge gibt, wie sie das Ablagesystem optimieren kann, wie sie am Telefon leichter mit dem forschen Außendienstler Müller zurechtkommt und wie sie die E-Mail-Flut leichter in den Griff bekommen kann.

Eines Tages platzt Frau Wagner der Kragen. Sie schimpft laut, dass ihr die übergriffige Art von Frau Großhans total auf den Wecker geht. Sie brauche niemanden, der sich dauernd ungefragt in ihre Angelegenheiten einmischt. Das verletzt nun Frau Großhans sehr. Schließlich habe sie es doch nur gut gemeint und zur Unterstützung ihre Hilfe angeboten. Mit einem deutlichen Seitenhieb auf Frau Wagner kontert sie, dass zum Glück nicht alle Menschen gleichgültig und egoistisch seien. Manche würden eben nur nehmen und nichts geben – und sich dann am Ende auch noch beklagen.

Jede positive Eigenschaft kippt bei blinder Übertreibung in ihr Gegenteil

Ein typischer Konflikt ist ausgebrochen. Jede unterstellt der anderen eine negative Absicht ihres Verhaltens, während sie bei sich selbst nur eine gute Absicht erkennen kann. Frau Großhans sieht sich als hilfsbereiten Menschen, während sie von Frau Wagner nach all den ungefragten Ratschlägen nur noch als grenzüberschreitende und einmischende Kollegin wahrgenommen wird. Dafür betrachtet Frau Großhans ihre Kollegin als gleichgültig und egoistisch, indessen diese sehr von ihrer vornehmen Zurückhaltung überzeugt ist.

Wie lässt sich das erklären? Am besten durch die psychologische Erkenntnis, dass jede positive menschliche Eigenschaft zu einer negativen Eigenschaft gerät, wenn sie übertrieben wird. Das rechte Maß entscheidet über ihre Güte. Ein Zuviel des Guten schlägt in etwas Schlechtes um. So kann ein dominanter Chef führungsstark sein, weil er eine klare Linie vorgibt und seinen Mitarbeitern den Rücken stärkt. Treibt er es mit der Dominanz aber auf die Spitze, dann unterdrückt er andere, weil nur noch sein Wort zählt. Bei einem einfühlsamen und verständnisvollen Chef können sich hingegen alle wohlfühlen. Geht er mit seiner Einfühlsamkeit jedoch zu weit, dann will er es bald allen recht machen, was bekanntlich nicht funktioniert. Die Mitarbeiter sehnen sich dann nach einem Machtwort, das Entscheidungen fällt.

In der eigenen Sichtweise gefangen

Im Konfliktfall, wenn jede Partei in ihrer eigenen Sichtweise gefangen ist, sieht sich jeder im Licht der guten Eigenschaft, während der andere einen „im Keller der Entgleisung verortet". Diese griffige Formulierung des Kommunikationspsychologen Friedemann Schulz von Thun vermittelt sehr eingängig, wie der Mechanismus der Polarisierung funktioniert.

Im obigen Beispiel stellen sich die unterstellten Entgleisungen folgendermaßen dar:

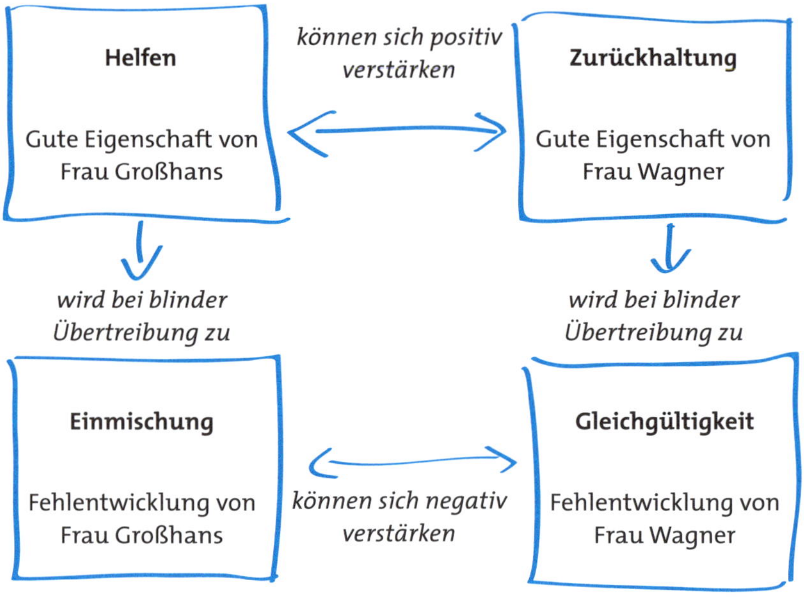

→ Übung

Erinnern Sie sich an Menschen, mit denen Sie im Konflikt standen oder zurzeit noch stehen. Was werfen Sie ihnen vor? Finden Sie dabei bewertende Aussagen, die den Vorwurfscharakter deutlich werden lassen – vergleichbar den Bezeichnungen „gleichgültig" und „einmischend". Suchen Sie dann nach dem guten Kern dieser übertriebenen Eigenschaften. Das mag zunächst schwerfallen, weil Sie mit fester Überzeugung ein Bild von der anderen Person entwickelt haben, das mit der guten Eigenschaft nicht mehr viel zu tun hat. Gelingt es Ihnen, den anderen Menschen auch im Licht der guten Eigenschaft zu sehen? Das dürfte seinem Selbstverständnis eher entsprechen. Was geschieht dann mit Ihrem Ärger, wenn Sie auf den guten Kern bei der anderen Person schauen?

Den Teufelskreis der Polarisierungen durchbrechen

Der Teufelskreis der Polarisierung lässt sich nur durchbrechen, wenn sich unsere Wahrnehmung wieder verändert. Sie hat sich unter dem Eindruck der schmerzhaften Piekser zu einem vereinfachten schwarz-weißen Bild verengt. Dabei ist die andere Person in unseren Augen in den Keller der Entgleisung gerutscht. Wenn wir auf dieser Sichtweise beharren, ist eine konstruktive Lösung außer Reichweite. Es ist also keine „Schönfärberei", wenn wir uns bemühen, den anderen wieder mehr im Licht der guten Absicht zu sehen. Es spricht vieles dafür, dass wir uns damit wieder dessen Sichtweise annähern und so zu einer gemeinsamen Einschätzung der verfahrenen Lage kommen können.

3.2 Projektionen

Es gibt aber noch einen anderen Grund für eine Wahrnehmungsverzerrung, die zu einer erheblichen Konfliktverschärfung beitragen kann. Das ist der innerpsychische Vorgang der Projektion.

➜ Mit innerpsychischer Projektion ist gemeint, dass uns an anderen etwas aufregt, das wir bereits an uns selbst bekämpfen bzw. ablehnen.

Nur ist uns dieser Vorgang nicht bewusst. Den Mechanismus der Projektion kann man sich gut klarmachen, indem man an die Funktionsweise eines Diaprojektors denkt. Da wird beim Projektor ein Dia eingeschoben, das auf die gegenüberliegende Leinwand projiziert wird. Wir erkennen das Bild also nicht an seinem Ursprungsort, sondern gegenüber. Und so geschieht es auch bei der psychischen Projektion.

Bestimmte seelische Vorgänge, die sich unbewusst in uns abspielen, projizieren wir nach außen und erkennen sie an anderen. Oft sind es Eigenschaften, die wir uns selbst nicht eingestehen wollen. Sie passen vielleicht nicht zu unserem Selbstbild. Wir haben sie in unserem Inneren so gut unterdrückt, dass wir von ihrer Existenz gar nichts (mehr) wissen. Und nun begegnet uns ein Mensch, der diese Verhaltensweise, die wir bei uns erfolgreich verdrängt haben, ungeniert vorlebt. Dieses außen Wahrgenommene lässt uns wieder unser innerlich Unterdrücktes spüren. Wenn uns dieser Zusammenhang nicht bewusst wird, wenn wir also unseren Projektionen aufsitzen, dann wollen wir die als unangenehm empfundene Verhaltensweise des anderen Menschen ebenso aus der Welt schaffen.

Zwei Gründe, warum uns jemand auf die Nerven geht

Grob gesprochen lassen sich im Konfliktfall zwei Grundausrichtungen der Projektion feststellen. Entweder nervt Sie ein Mensch, weil er Ihnen erschreckend ähnlich ist oder weil er so völlig anders ist als Sie.

Im ersten Fall erleben Sie einen Menschen, der eine gute Eigenschaft von Ihnen so übertrieben auslebt, dass dabei das Gute in eine Schwäche umgekippt ist. Wenn ein hilfsbereiter Mensch wie Frau Großhans auf jemanden trifft, der andere in seiner erstickenden Fürsorglichkeit entmündigt, ist das wie ein unfreiwilliger Blick in den eigenen Spiegel. Die andere Person führt uns ganz unvorbereitet vor Augen, wo es mit uns enden könnte. Intuitiv spüren wir das und wehren diese Ahnung entschieden ab, indem wir über den anderen herziehen.

→ Übung

Wer solch einer Projektion aufsitzt, kann sie zurücknehmen, indem er sich innerlich mit Blick auf diese Person sagt: „Ich bin wie du!" Diese Aussage wird Sie zuerst sehr befremden und vermutlich Ihre Ablehnung hervorrufen. Wenn Ihr anfänglicher Widerstand jedoch nachlässt, werden Sie feststellen, dass Sie die Person nun mit anderen, zum Teil verständnisvolleren Augen sehen können. Möglicherweise nervt sie dann immer noch, aber Sie haben zu dem Geschehen eine größere Distanz gewonnen.

Der andere Fall der Projektion ist auf den ersten Blick etwas schwerer zu verstehen. Inwiefern sollen wir etwas in uns bekämpfen, das uns zutiefst fremd ist? Was hat die hilfsbereite Frau Großhans mit einer gleichgültigen und egoistischen Grundeinstellung zu tun? Doch offenbar gar nichts, außer sie ist so enttäuscht und beleidigt, dass sie allen anderen lautstark androht, in Zukunft keinen Finger mehr für sie zu rühren. Hier braucht es eine ausführlichere Erklärung, die es jedoch in sich hat. Einmal verstanden, wird sie zu einem hervorragenden Schlüssel im Umgang mit all den Menschen, die uns fremd und schwierig erscheinen.

Im tiefsten Innern sind wir Gewohnheitstiere

Bleiben wir bei der Auflösung des Rätsels zunächst im Innerpsychischen. Wir haben soeben erfahren, dass jede gute Eigenschaft, über die wir verfügen, immer in der Gefahr ist, auf die Spitze getrieben zu werden und dadurch in eine Schwäche umzuschlagen. Um das zu verhindern, gibt es nur einen Weg: Im Laufe des Lebens eine entgegengesetzte Grundhaltung zu erlernen, die sich in einer konstruktiven Spannung zur ursprünglichen Stärke etabliert. Konkret bedeutet das für unseren auffällig hilfsbereiten Menschen, dass er mühsam lernen muss, sich in Zurückhaltung zu üben, wenn andere nicht um seine Hilfe bitten. Erst mit dieser Fähigkeit entfaltet seine Begabung der ausgeprägten Hilfsbereitschaft ihre ganze Kraft. Besonders in jungen Jahren dürfte diesem Menschen noch sehr fremd sein, dass in der Zurückhaltung ein großes Entwicklungspotenzial für ihn liegt. Er scheut davor zurück, weil er befürchtet, dann nicht mehr er selbst zu sein, sondern zu einem gleichgültigen und egoistischen Menschen zu werden. Dass diese Gefahr bei seiner Grundanlage nicht besteht, weiß er noch nicht. Deutlich wird dabei aber, warum wir als Gewohnheitstiere oft genau das unterlassen, was uns eigentlich guttun würde. Weil wir neben dem mühevollen Sprung über den eigenen Schatten auch Furcht vor dem haben, was dann kommt. Wir wittern das Chaos in der Übertreibung der erst noch zu entwickelnden, entgegengesetzten Grundhaltung. Dieses Chaos gilt es aus unserer gewohnten Sicht abzuwehren.

Werkzeug 11: Die Werte- und Entwicklungsquadrate

Im so genannten Werte- und Entwicklungsquadrat, das auf Paul Helwig zurückgeht und von Friedemann Schulz von Thun bekannt gemacht wurde, lässt sich dieser Vorgang prägnant darstellen. Auf den ersten Blick gleicht diese Abbildung fast vollständig der vorigen Abbildung. Nur wird jetzt damit ein innerpsychischer Vorgang erfasst, während es zuvor um eine zwischenmenschliche Konfrontation ging. Unser Beispiel zeigt, wie eng sie im Fall der Projektion miteinander verwoben sind.

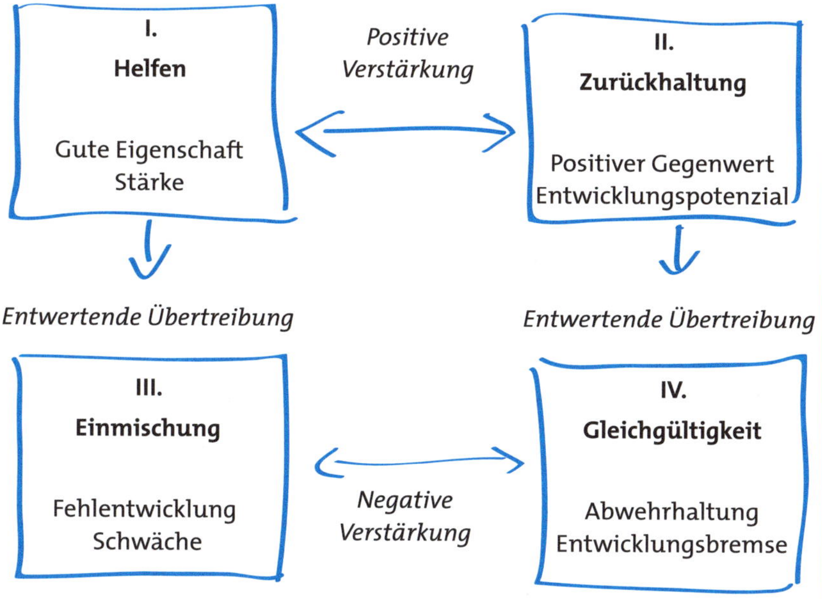

Es gibt also eine uns innerlich äußerst fremde Haltung, die wir unter allen Umständen verhindern wollen, weil sie uns bei der Realisierung unseres Entwicklungspotenzials eine sehr große Angst einflößt. Wenn wir diese Eigenschaft nun bei anderen Menschen wahrnehmen, ist das wie ein rotes Tuch für uns. Wie kann man nur so sein? Dann projizieren wir unser Abwehrverhalten auf andere Menschen, die nun unseren inneren Konflikt ausbaden müssen.

Um Sicherheit in dieser Denkweise zu vermitteln, stellen wir Ihnen noch zwei weitere Werte- und Entwicklungsquadrate vor.

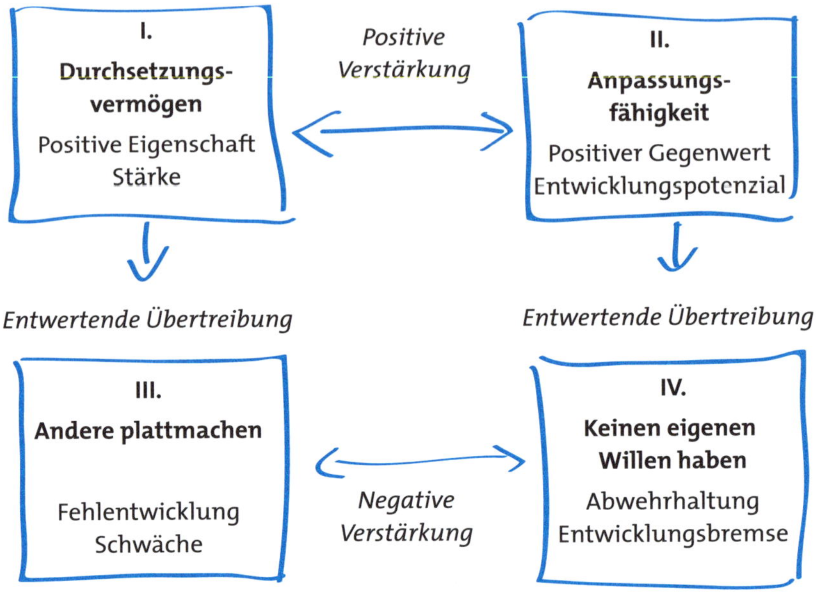

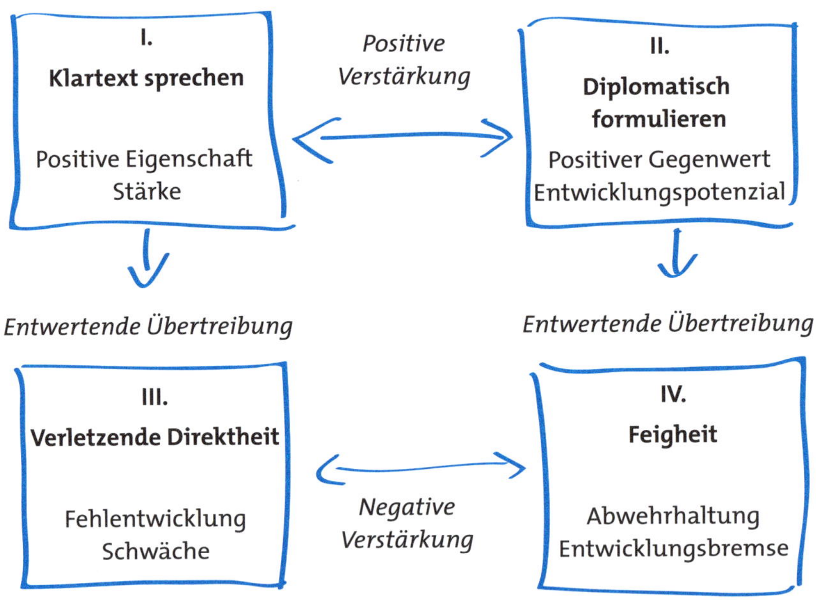

➜ Übung

Formulieren Sie nun zwei Werte- und Entwicklungsquadrate, die auf Ihre Person zugeschnitten sind. Bedenken Sie dabei, dass das Entwicklungspotenzial im zweiten Quadranten eine Eigenschaft beschreibt, die Ihnen nicht so leichtfällt bzw. ganz entschieden Ihre bewusste Aufmerksamkeit erfordert. Sonst entfaltet sich nicht die erwünschte konstruktive Spannung zwischen den beiden positiven Eigenschaften, die uns erst zu einer gereiften Persönlichkeit macht.

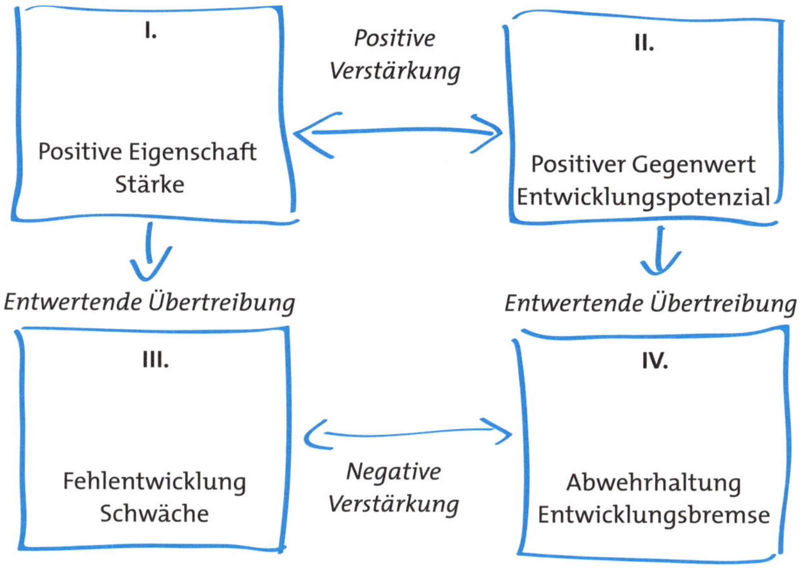

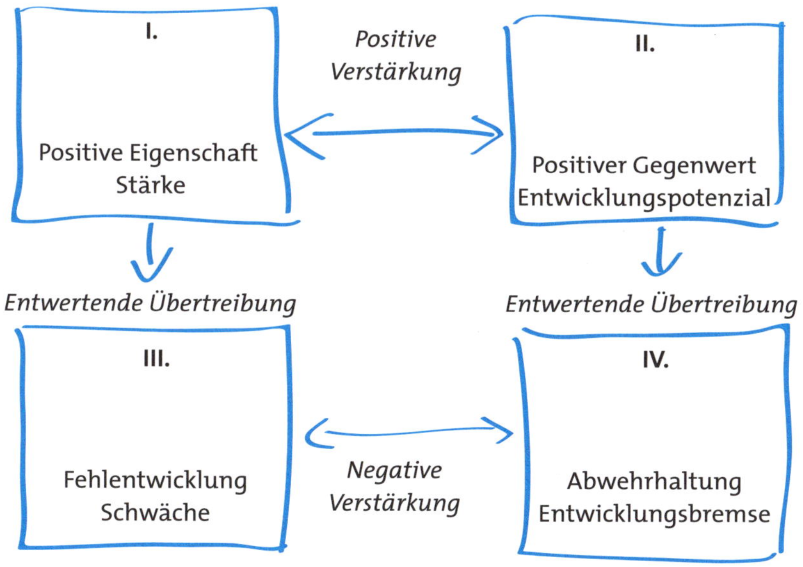

→ Übung

Betrachten Sie jetzt bitte die beiden IV. Quadranten Ihrer Werte- und Entwicklungsquadrate, also Ihre Abwehrhaltungen. Wie geht es Ihnen mit Menschen, die genau solch ein Verhalten an den Tag legen? Falls Sie damit Schwierigkeiten haben, spricht nach allem viel dafür, dass Sie Ihr eigenes Abwehrverhalten auf diese Menschen projizieren. Können Sie sich auf diese Sichtweise einlassen? Was bewegt sich in Ihnen, wenn Sie das tun?

Nun geht es auch hier darum, diese Projektionen wieder zurückzunehmen. Dazu gibt es ein überraschend einfaches Verfahren.

→ WANN IMMER UNS DAS VERHALTEN EINES ANDEREN MENSCHEN NERVT, DER AUF EINE ÜBERTRIEBENE ART UND WEISE EIGENSCHAFTEN AUSLEBT, DIE UNS FREMD SIND, KÖNNEN WIR DAS IN EINEN WACHSTUMSIMPULS FÜR UNSERE EIGENE ENTWICKLUNG UMMÜNZEN.

Dann vergeuden wir keine sinnlose Energie für das Aburteilen und Bekämpfen der anderen, was ohnehin nur in den Teufelskreislauf der Polarisierung führt. Sondern wir verwandeln diese destruktive Energie in eine produktive.

Wie funktioniert das konkret?

1. Beschreiben Sie, welches Verhalten Sie an einer anderen Person sehr stört. Welche negative Eigenschaft äußert sich darin? (Im Werte- und Entwicklungsquadrat gehört diese Bezeichnung entsprechend in den IV. Quadranten).
2. Nun kommt der entscheidende Schritt: Lösen Sie sich in Ihrer Vorstellung jetzt ganz und gar von der anderen Person. Denn diese ist nicht die Ursache für Ihren Ärger, sondern nur der Auslöser. Fragen Sie sich deswegen auf einer allgemeinen Ebene, was der gute Kern der eben beschriebenen negativen Eigenschaft ist.

   Frau Großhans würde zum Beispiel feststellen, dass die ihr verhasste Art der Gleichgültigkeit als Stärke die wertschätzende Zurückhaltung in sich birgt (II. Quadrant). Die soll sie jetzt aber nicht schweren Herzens bei Frau Wagner suchen, sondern sich unabhängig von ihrer Kontrahentin auf diese positive Eigenschaft konzentrieren. Und zwar so:
3. Nehmen Sie die Projektion zurück und verwandeln Sie die Ärgerenergie in eine positive Kraft. Bilden Sie dazu einen Erlaubnissatz, den Sie an sich selbst richten.

   Im Beispiel: „Ich erlaube mir, mich gelegentlich zurückzunehmen und bei mir zu bleiben".

   Spüren Sie die Entspannung, die einsetzt, wenn Sie Ihr Entwicklungspotenzial in Ihr Leben integrieren.

4. Machen Sie jetzt die Probe aufs Exempel. Wenn der Erlaubnissatz eine ausgleichende und befriedende Wirkung in Ihnen auslöst, dann richten Sie in dieser entspannten Haltung nochmals einen Blick auf die Person, die Sie bisher mit ihrem Verhalten genervt hat.

   Stört es Sie immer noch wie zuvor? Oder können Sie das Ganze inzwischen viel gelassener sehen, weil die andere Person Sie gar nicht mehr so trifft? Wenn es Ihnen gelungen ist, die Projektion zurückzunehmen, dann stellen Sie fest, dass der andere gar nicht die Ursache Ihres Ärgers gewesen ist.

   Erfreuen Sie sich an dem entzifferten Hinweis auf Ihr Entwicklungspotenzial. Der andere war offenbar für etwas gut, was wir anfangs gar nicht vermutet haben. Die schwierigen Zeitgenossen sind oftmals unsere besten Lehrmeister!

3.3 Warum das Zuhören so wichtig ist

Sobald es in einer Auseinandersetzung heftiger zur Sache geht, schwindet in aller Regel eine Fähigkeit, ohne die eine Lösung des Konflikts nur noch mit fremder Hilfe möglich ist. Es geht um das Zuhören.

Wir haben bereits erwähnt, warum uns diese Fähigkeit gerade dann verlässt, wenn wir sie am dringendsten brauchen. Sobald wir uns angegriffen fühlen (merken Sie, dass dieses gedachte Gefühl den Opferstatus mit sich führt?), verlagert sich unsere Wahrnehmung ganz auf die Gefahrenquelle und unsere Verletzung. Der Blick verengt sich. Es geht nur noch um uns und die Abwehr der Gefahren. In dieser Stressreaktion ist kein Platz vorgesehen für Empathie und das Verstehen der Motive des anderen. Unser inneres Schwarz-Weiß-Bild beantwortet die Frage nach den fremden Motiven schließlich ganz von allein: „Der andere verhält sich schlecht und verfolgt keine guten Motive." Klienten, denen wir in Konfliktsituationen empfehlen, sich einmal in die Lage des anderen zu versetzen, reagieren anfangs manchmal gereizt auf diesen Vorschlag und sagen: „Warum immer ich? Der andere macht sich doch auch keine Gedanken um meine Lage. Warum soll jetzt wieder nur ich mich um Verständnis bemühen?"

Empathiefähigkeit in Konfliktsituationen ist eine große Herausforderung

Es ist tatsächlich so, dass das Verstehen der anderen Person in einer Stressreaktion uns einiges abverlangt. Es ist ein bewusstes Gegensteuern gegen alte, biologisch programmierte Überlebensstrategien. Zudem schleicht sich bei vielen nun auch noch die Sorge ein, dass sie durch ein Zuhören fälschlicherweise ein Einverständnis mit der Position der anderen Partei signalisieren würden. Dem ist aber nicht so. Was zu einem effektiven Zuhören jedoch definitiv dazu gehört, ist eine gute Abgrenzungsfähigkeit beim Zuhörer. Während er sich bemüht, den anderen Standpunkt zu verstehen, darf er seine eigene Position natürlich nicht verlieren. Sonst würde das Zuhören zu einer deutlichen Schwächung des eigenen Interesses führen.

In einem Werte- und Entwicklungsquadrat lässt sich die Qualität eines guten Zuhörers grafisch so darstellen.

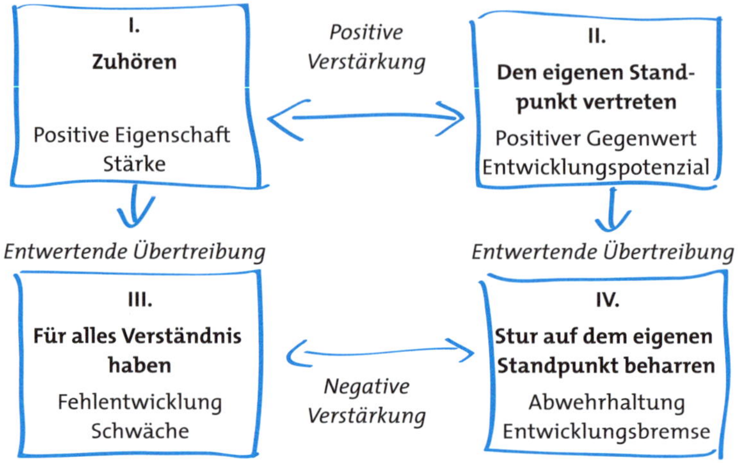

Ein wirkliches Zuhören zwingt uns zum Ausstieg aus dem Teufelskreis der Polarisierung. Wenn wir uns ernsthaft bemühen, die Position des anderen zu verstehen, dann sind wir schon nicht mehr so gefangen in unserer eigenen Sichtweise. Der Blick wird dadurch wieder offener.

Zuhören ist nicht gleich Zuhören. Viele Menschen hören nur halb hin und meinen, das sei schon ein Zuhören. Ein wertschätzendes Zuhören verlangt indes viel Aufmerksamkeit. Es bedeutet nämlich ein unvoreingenommenes Einlassen in die Erfahrungswelt des anderen. Das gelingt nur, wenn wir für diesen Zeitraum unsere eigenen Bewertungen und Kommentare beiseite stellen können. In diesem Moment geht es nur um das Verstehen. Damit der andere auch deutlich spürt, dass wir ihm folgen, ist es notwendig, dass wir eindeutige Zeichen dafür senden. Deswegen wird diese Art des Zuhörens auch aktives Zuhören genannt.

Das aktive Zuhören äußert sich auf drei Ebenen:

1. Einfache Aufmerksamkeitsreaktionen

Die Zuwendung zu Ihrem Gesprächspartner zeigt sich in der gesamten Körperhaltung. Sie sind offen und haben Blickkontakt. Gelegentlich nicken Sie zu seinen Äußerungen und bekunden verbal Ihr Interesse durch einsilbige Bekundungen wie „Ja, hm, aha, ach so". Oder Sie greifen zentrale Schlüsselwörter auf, die der Sprecher verwendet hat und wiederholen diese.

Beispiel:

A: „Herr Reimers hat sich bisher noch nie dazu bereit erklärt, eine Präsentation zu übernehmen."

B: „Noch nie!"

2. Inhaltliche Bestätigung

Hier wiederholen Sie die sachlichen Aussagen Ihres Gesprächspartners mit eigenen Worten. Diese Technik nennt man Paraphrasieren. Sie zeigen dem anderen damit, dass Sie seine Aussagen nachvollziehen können. Falls der Sprecher zu weit ausholt und sich in Nebensächlichkeiten verliert, können Sie das Gesagte zusammenfassen, indem Sie die Kernaussagen hervorheben. Das hilft Ihnen zugleich selber, mit der Aufmerksamkeit „am Ball zu bleiben".

Beispiel:
A: „Ich habe den halben Freitag damit verbracht, die Referenten für den Kongress in Frankfurt zu erreichen, um mit ihnen die Reihenfolge ihrer Beiträge abzusprechen. Manche habe ich erst beim zehnten Versuch erreicht. Und dann all diese Sonderwünsche. Jeder denkt, er sei der Wichtigste."
B: „Die Absprachen mit den Referenten haben Sie viel Zeit und Nerven gekostet."

3. Emotionale Bestätigung

Der Sprecher äußert sich aus einer bestimmten Gemütslage heraus. Oft sind hinter den Worten starke Gefühle zu spüren. Es kann sinnvoll sein, wenn der Zuhörende diese Gefühle verbalisiert, um damit das im Moment Wichtigste und Bewegendste auf den Tisch zu bringen. Für den Sprecher ist es ein deutliches Signal, dass Sie verstehen, was ihn gerade bewegt. Das ist der beste der Weg, wie Sie das Gespräch wieder versachlichen können.

Beispiel:
A: „Ich habe Frau Hartweg nun schon dreimal um einen Rückruf in der Sache Kronmeyer gebeten; aber es ist nie etwas geschehen."
B: „Sie sind sehr enttäuscht darüber."

Viele Menschen tun sich schwer damit, die Methode des aktiven Zuhörens anzuwenden. Sie erscheint ihnen zu passiv. Das gilt besonders für Menschen, die es gewohnt sind, selber die Zügel in die Hand zu nehmen. Sie befürchten, dass das Gespräch mit dieser Methode ausufert und sie ungewollt zum Seelenklempner werden.

Sieben Gründe, warum uns das Zuhören schwerfällt

→ Die Sorge, das Zuhören könnte als Zustimmung gewertet werden
Das Bemühen um ein Verstehen ist jedoch nicht mit einem Einverständnis zu dem Geäußertem zu verwechseln. Wer dem anderen aktiv zuhört und dabei „Ja" sagt, bekundet nur, dass er den Ausführungen gedanklich folgen konnte – nicht aber, dass er sie auch inhaltlich teilt.

- **Konzentrationsschwierigkeiten**
  Aktives Zuhören braucht Geduld. Das liegt auch daran, dass wir im Denken viermal schneller sind als im Hören. So kommt bei vielen schnell Ungeduld auf, wenn das Gesagte nicht spannend genug für sie ist. Ihre Gedanken springen davon und beschäftigen sich einstweilen mit anderen Dingen.

- **Ohnmachtsgefühle**
  Aus Zuhörersicht sieht ein Problem oft viel leichter aus als aus Sicht des Erzählers. So fällt es vielen Zuhörern extrem schwer, darauf zu verzichten, gleich gute Ratschläge auszuteilen, zu beschwichtigen oder zu trösten.

- **Die Person hat das Gleiche schon mehrmals erzählt**
  Das nervt natürlich. Doch Vorsicht. Wenn Menschen immer wieder das Gleiche erzählen, ist es ein Zeichen dafür, dass sie sich damit noch nicht gehört und wahrgenommen fühlen. Sonst kämen sie damit zur Ruhe. Manchmal geht es dabei aber auch um ein verdecktes Thema, das bisher noch nicht angesprochen wurde.

- **Jemand hört sich lieber selber sprechen**
  Manche hören nicht zu, um etwas vom anderen zu erfahren, sondern sie warten in dessen Redebeitrag nur auf ein Stichwort, das sie umgehend aufgreifen, um damit ihre eigene Rede fortsetzen zu können.

- **Jemand weiß es besser**
  Wer das Gesagte innerlich stark bewertet, möchte es am liebsten gleich korrigieren und richtigstellen. Kritik und Widerspruch sind kaum zurückzuhalten. Und wenn der Zuhörer auch verbal nichts äußert, so fällt doch sein kritischer Blick auf.

- **Die Sorge, dass das intensive Zuhören zu viel Zeit kostet**
  Wer sich dafür entscheidet, den anderen verstehen zu wollen, braucht zunächst natürlich mehr Zeit, als wenn er dessen Sichtweise einfach nur wegschiebt. Der vermehrte Zeitaufwand zahlt sich jedoch aus. Kurzfristig, weil sich Ihr Gesprächspartner nicht erst langwierig mit Ihren Kommentaren und Widerständen auseinandersetzen muss. Dadurch kommt er schneller auf den Punkt. Und langfristig, weil Sie so ein Klima des Vertrauens schaffen. Mitarbeiter und Kollegen lernen dabei, dass sie Schwierigkeiten in Zukunft offen ansprechen können.

→ Übung

Erkennen Sie Gründe, die es auch Ihnen schwer machen, das aktive Zuhören anzuwenden? Falls ja, dann beobachten Sie sich in der nächsten Zeit ganz bewusst, wann Sie wieder blitzschnell losschießen, statt dem anderen erst einmal zuzuhören.

→ ***Praxis*tipp:**

Ein konstruktives Konfliktgespräch lebt von einem gut ausbalancierten Verhältnis zwischen der Vermittlung des eigenen Standpunkts und dem aktiven Zuhören. Im so genannten kontrollierten Dialog wird in einer leicht zu erlernenden Weise gezeigt, wie sich das im Gespräch praktisch umsetzen lässt.

Werkzeug 12: Der kontrollierte Dialog

A	äußert ihre Meinung:	„Wir müssen im April unbedingt eine neue Werbekampagne starten."
B	wiederholt sinngemäß:	„Sie sind also der Meinung, dass wir schon im April mit der Kampagne starten sollten."
A	bestätigt:	„Ja, genau!"
B	hält dagegen:	„Ich habe Bedenken, dass der April der passende Zeitpunkt dafür ist."

Person B hält im kontrollierten Dialog also nicht sofort mit ihrer Meinung dagegen, sondern versichert sich erst bei A, dass sie A richtig verstanden hat. Die Wiederholung signalisiert A, dass sie in ihrer Äußerung gehört wurde. Nur unter dieser Voraussetzung wird sie nun bereit sein, sich auf die Erwiderung von B einzulassen. Jetzt kann ein interessanter Gedankenaustausch in Gang kommen, der vielleicht zu bisher ungeahnten Lösungen führt.

→ Übung

Probieren Sie den kontrollierten Dialog gleich bei der nächstmöglichen Gelegenheit aus. Dazu eignet sich neben jeder sachlichen Auseinandersetzung eben auch ein schwieriges Konfliktgespräch. Widerstehen Sie bei Äußerungen, die Ihnen missfallen, dem Impuls, sofort dagegenzuhalten. Was verändert sich dadurch im Ablauf schwieriger Gespräche?

Fast alle Teilnehmenden unserer Konflikttrainings stellen unmittelbar fest, wie sich das Tempo im Gespräch zwischen den Konfliktparteien verändert. Da nun jeder damit beschäftigt ist, dem anderen wirklich zuzuhören, fallen sich die Diskutanten immer seltener ins Wort. Das wird dann von der Gegenpartei entsprechend gewürdigt. Auch sie ist nun aus eigenem Antrieb mehr denn je zum Zuhören bereit. Der unheilvolle Sog des Rechthabenwollens ist dadurch unterbrochen.

Dabei ist auch auffällig, dass die beiden Parteien wie von selbst immer mehr auf das Wort „aber" verzichten. Im schnellen Tempo der herkömmlichen Auseinandersetzung leiten die meisten Parteien ihre Erwiderung mit den Worten „Ja, aber" ein. Mit dieser Formulierung wird hauptsächlich das Trennende zwischen den beiden Positionen hervorgehoben. Das Wort „aber" grenzt deutlich ab und befeuert den Teufelskreis der Polarisierung. Im kontrollierten Dialog lässt die „Aber-Haltung" entschieden nach. Denn ohne Druck und Hetze wiederholt hier jemand ruhig die Sichtweise des anderen und schließt daran ergänzend seine Sicht der Dinge an. Und plötzlich hören wir statt des „aber" dann vermehrt ein verbindendes „und".

B: „Sie meinen also, dass wir schon im April starten sollten? Habe ich Sie da richtig verstanden?

A: „Ja".

B: „Okay. Und meine, dass der September ein noch günstigerer Zeitpunkt für die Werbekampagne ist. Drei Gründe erscheinen mir dafür ausschlaggebend."

Werkzeug 13:
Formulierungsvorschläge für die Verständniskontrolle

- „Sie meinen also, dass .... ."
- „Verstehe ich Sie richtig, dass .... ."
- „Wenn ich Sie recht verstehe, geht es Ihnen um .... ."

3.4 Nachfragen

Zuhören dient in erster Linie dem Verstehen der anderen Partei. Nun drückt sich der andere aber nur in Ausnahmefällen gleich auf Anhieb so klar und deutlich aus, dass wir durch ein auch noch so gutes Zuhören gleich alles verstehen könnten. Das Zuhören ermöglicht uns dafür jedoch, dass wir leichter die Widersprüche und ausgelassenen Informationen in den Äußerungen entdecken. Sind die Gedanken Ihres Gegenübers etwa durcheinander oder unlogisch, dann können Sie ihm die mangelnde Schlüssigkeit in Ihrer Wiedergabe auf indirekte Weise vor Augen führen. Vielleicht korrigiert er sich dann selbst und Sie stellen zu Ihrer Überraschung fest, dass sich ein Dagegenhalten von allein erübrigt hat.

Verstehen ist nur möglich, wenn wir erfassen, was eine andere Person mit ihrer Äußerung gemeint hat. Nun entspricht es aber unserer Alltagserfahrung, dass Sprache oft so unpräzise verwendet wird, dass sie immer mehrere Interpretationen zulässt. Das führt dazu, dass wir einfach das heraushören, was wir selber mit den Worten gemeint hätten. Dann sind wir allerdings mehr mit unseren eigenen Vorstellungen beschäftigt, als beim Verstehen unseres Gesprächspartners.

Werkzeug 14: Das Meta-Modell der Sprache

Im Neurolinguistischen Programmieren (NLP) ist ein Sprachmodell entwickelt worden, mit dem Sie zielsicher aufspüren können, wann ein Sprecher Informationen ausgelassen oder verzerrt dargestellt hat. Entsprechende Fragen erlauben Ihnen, sich auf diese Weise nachträglich die Informationen zu holen, die Sie zum Verstehen brauchen. Diese Kunstfertigkeit hilft Ihnen insbesondere in schwierigen Gesprächssituationen, wenn es auf eine sehr genaue Kommunikation ankommt. Zum Beispiel, wenn sich jemand bei Ihnen beschwert oder wenn Gerüchte über andere verbreitet werden. Dann ist es unerlässlich, die Fakten genau herauszuarbeiten.

Im Meta-Modell der Sprache werden drei grundlegende Gestaltungsprozesse bei der sprachlichen Vermittlung von Erfahrungen dargestellt. Es handelt sich um

- Tilgungen: einzelne Wörter oder Satzteile werden ausgelassen
- Verzerrungen: durch Fantasie und ungeprüfte Vorannahmen werden Erlebnisse umgedeutet
- Generalisierungen: Verallgemeinerung von einzelnen Erfahrungen zu Pauschalaussagen

Mit dem Wissen um die sprachlichen Muster dieser Gestaltungsprozesse schärfen Sie Ihr Bewusstsein für eine vage Sprache. Das Meta-Modell gibt Ihnen zugleich einen Fragenkatalog an die Hand, mit dem Sie Tilgungen, Verzerrungen und Generalisierungen in der Sprache wieder rückgängig machen können. Damit helfen Sie dem Sprecher, sich verständlicher auszudrücken. Die Fragen sollten allerdings nur in einem einfühlsamen Kontakt gestellt werden, weil sich Ihr Gegenüber sonst wie in einem Kreuzverhör vorkommt.

Tilgungen – wenn Weglassen zum System wird

Unspezifische Substantive

Bleibt das Substantiv in einem Satz unbestimmt, dann ist nicht eindeutig, auf wen oder was es sich bezieht.

- „Die wollen mir am liebsten gleich morgen kündigen." – „Wer will das?"
- „Projektleiter sind doch nur auf ihren eigenen Erfolg aus." – „Welche Projektleiter meinst du?"

→ *Praxis*tipp:

Bei unspezifischen Substantiven erhalten Sie die ausgelassenen Informationen, indem Sie fragen: „Wer oder was genau?“

Unspezifische Verben

Solche Verben lassen offen, wie eine Handlung genau ausgeführt wird.

- „Frau Kellner geht mir schon seit Wochen aus dem Weg.“ – „Was macht sie genau?“
- „ Sie unterstützte mich.“ – „Wie tat sie das?“

→ *Praxis*tipp::

Bei unspezifischen Verben erhalten Sie die ausgelassenen Informationen, indem Sie fragen: „Wie genau tat sie oder er es?“

Vergleiche

Bei einem getilgten Vergleich wird die entscheidende Vergleichsgröße nicht genannt. Dadurch schwebt die Aussage im „luftleeren Raum“.

- „Das ist viel interessanter.“ – „Interessanter als was?“
- „Das ist zu teuer.“ – „Verglichen womit ist das zu teuer?“

→ *Praxis*tipp:

Bei Vergleichen erhalten Sie die ausgelassenen Informationen, indem Sie fragen: „Verglichen womit?“

Bewertungen

Getilgte Bewertungen lassen offen, wer die Bewertung trifft. Es wird so getan, als gelte sie für alle.

- „Sie ist eine geniale Querdenkerin.“ – „Wer sagt das?“
- „Es ist doch offensichtlich, dass Herr Bruns der geeignete Mann für diesen Job ist.“ – „Für wen ist das offensichtlich?“

→ *Praxis*tipp:

Bei Bewertungen erhalten Sie die ausgelassenen Informationen, indem Sie fragen: „Wer kommt zu dieser Einschätzung?“

Nominalisierungen

Von einer Nominalisierung spricht man, wenn ein Verb, das einen dynamischen Prozess beschreibt, in ein Substantiv verwandelt wird. Aus einem andauernden Vorgang wird damit ein abgeschlossenes Ereignis, das der Kontrolle des Sprechenden entzogen scheint. Durch kluge Rückfragen lässt sich der Gestaltungsspielraum wieder erheblich erweitern.

- → „Alle meine Bemühungen waren vergeblich." – „Was haben Sie genau unternommen?"
- → „Wir sollten unsere Kommunikation verbessern." – „Wie sollten wir Ihrer Meinung nach in Zukunft miteinander sprechen?"

→ ***Praxis**tipp:*

Bei Nominalisierungen erhalten Sie die ausgelassenen Informationen, indem Sie die Aussage wieder in Prozessworte zurückverwandeln.

Verzerrungen – wenn die Wirklichkeit neu gezeichnet wird

Gedankenlesen

Beim Gedankenlesen geht jemand davon aus, dass er die inneren Vorgänge eines anderen Menschen genau erfasst. Dafür mögen tatsächlich einige körpersprachliche Signale sprechen, die intuitiv aufgenommen wurden. Meist handelt es sich aber um reine Projektionen. Dann unterstellt jemand der anderen Person die Gefühle und Gedanken, die er selbst in solch einer Situation hätte.

- → „Unsere Vertriebsleiterin mag mich nicht." – Woher wissen Sie das?"
- → „Ich weiß genau, was das Beste für Herrn Müller ist." – „Wie kommen Sie zu dieser Einschätzung?"

→ ***Praxis**tipp:*

Wenn Gedankenlesen stattfindet, erhalten Sie die ausgelassenen Informationen, indem Sie fragen: „Woher genau wissen Sie, dass …?"

Ursache-Wirkungszusammenhänge

Zusammenhänge werden verzerrt dargestellt, wenn eine ursächliche Verknüpfung gar nicht zwingend gegeben ist. Reagiert jemand auf das Verhalten anderer und fühlt sich deswegen als Opfer, leugnet er damit seine eigene Wahlfreiheit. Das ist dann der entscheidende Grund für das Ohnmachtsgefühl. Sinnvoller ist es, Gefühle als Reaktion auf erfüllte oder unerfüllte Bedürfnisse zu verstehen.

- → „Ihre Ausreden machen mich wütend." – „Wie schafft sie es, dass du so wütend wirst? Liegt es auch daran, dass dir Ehrlichkeit generell sehr wichtig ist?"
- → „Es nervt mich, wenn die Leute sich während meiner Präsentation unterhalten." – „Du möchtest Aufmerksamkeit und Wertschätzung, wenn du etwas vorträgst."

→ ***Praxis**tipp:*

Bei Behauptungen von Ursache und Wirkung erhalten Sie die ausgelassenen Informationen, indem Sie fragen: „Wie hängt das eine mit dem anderen zusammen?" Zugleich können Sie andere Zusammenhänge ins Spiel bringen, bei denen der Betroffene wieder Einfluss gewinnen kann.

Gleichsetzung unterschiedlicher Sachverhalte

Wenn zwei verschiedene Aussagen so miteinander verbunden werden, dass sie einander entsprechend erscheinen, dann liegt eine Gleichsetzung unterschiedlicher Sachverhalte vor. Der eine wird kurzerhand wie ein Synonym des anderen behandelt.

- „Du strahlst gar nicht. Gefällt dir mein Vorschlag etwa nicht?" – „Wieso soll sich meine Zustimmung unbedingt in einem Strahlen ausdrücken?"
- „Sie schaut mich gar nicht an, wenn ich mit ihr rede. Sie will mir einfach nicht zuhören." – „Wieso schließt du vom Wegsehen darauf, dass sie dir nicht zuhört?"

→ ***Praxis*****tipp:**

Wenn unterschiedliche Sachverhalte gleichgesetzt werden, erhalten Sie die ausgelassenen Informationen, indem Sie fragen: „Wieso bedeutet das eine gleichzeitig das andere?"

Vorannahmen

Hinter vielen Äußerungen verbergen sich unausgesprochene Vorannahmen. Oft treten sie gut versteckt im Gewand von Warum-Fragen auf. Hinterfragt oder thematisiert der Hörer sie nicht, dann sitzt er schnell in der Falle. Denn es sieht dann so aus, als hätte er der stillschweigenden Vorannahme zugestimmt.

- „Sie werden mir doch nicht etwa noch mehr Lügen auftischen?" – „Wie kommen Sie zu der Annahme, dass ich Sie bisher belogen habe?"
- „Warum lassen Sie sich von Herrn Schneider immer so bevormunden?" – „In welchen Situation haben Sie beobachtet, dass ich mich von ihm bevormunden lasse?"

→ ***Praxis*****tipp:**

Bei Vorannahmen erhalten Sie die ausgelassenen Informationen, indem Sie fragen: „Wie kommen Sie zu der Annahme, dass ...?"

Generalisierungen – wenn der Nebelwerfer aktiviert wird

Übertreibende Generalisierungen (Verallgemeinerungen)

Bei übertreibenden Generalisierungen wird die Gültigkeit einzelner Erfahrungen unzulässig ausgeweitet. Sprachlich äußert sich das in der Regel durch Worte wie alle, niemand, immer, nie, keine usw. Wird der Sprecher angeregt, nach Ausnahmefällen Ausschau zu halten, eröffnet das zugleich wieder seine Wahlmöglichkeiten im Verhalten.

- „Sie kommen ja immer zu spät." – „Wollen Sie damit sagen, dass ich noch nie pünktlich gewesen bin?"
- „Alle sind hier der Meinung, dass Frau Kirschner die Filiale in Augsburg übernehmen sollte." – „Haben sich wirklich alle so geäußert?"

→ ***Praxis*tipp:**

Bei übertreibenden Generalisierungen erhalten Sie die ausgelassenen Informationen, indem Sie nach Gegenbeispielen fragen.

Behauptungen der Notwendigkeit

Die Modalverben „müssen" und „sollen" drücken eine Fremdbestimmung aus. Sie lassen keine bzw. so gut wie keine Wahlfreiheit zu, indem sie eine bestimmte Auffassung generalisiert haben.

- → „Gegenüber Vorgesetzten sollte man sich nie zu persönlich äußern." – „Was würde sonst geschehen?"
- → „Ich muss am Wochenende den Dienst übernehmen, obwohl ich etwas anderes vorhatte." – „Was hindert dich daran, deiner Chefin zu sagen, dass es für dich einfach nicht geht?"

→ ***Praxis*tipp:**

Bei Behauptungen der Notwendigkeit erhalten Sie die ausgelassenen Informationen, indem Sie fragen: „Was würde passieren, wenn du es tun oder nicht tun würdest? Oder „Was hindert dich daran, das Gegenteil zu tun?"

Behauptungen der Unmöglichkeit

Auch Formulierungen wie „nicht können" oder „es ist unmöglich" führen zu Selbsteinschränkungen. Werden diese Behauptungen hinterfragt, kann der Sprecher seine bisher selbst gesetzten Grenzen überschreiten.

- → „Ich kann ihm nicht die Wahrheit sagen." – „Was würde sonst passieren?"
- → „Es ist zur Zeit unmöglich, erfahrene Ingenieure mit betriebswirtschaftlichem Hintergrund zu finden." – „Was haben Sie schon unternommen, um welche zu finden?"

→ ***Praxis*tipp:**

Bei Behauptungen der Unmöglichkeit erhalten Sie die ausgelassenen Informationen, indem Sie fragen: „Was würde sonst passieren?" oder „Was hält dich davon ab?"

Entwickeln Sie eine Spürnase für die fehlenden Informationen

Das Meta-Modell der Sprache ist ein wirkungsvolles Instrument, um fehlende Informationen ausfindig zu machen. Wenn Sie gezielt nach ihnen fragen, können Sie in Konfliktgesprächen immer häufiger auf bloße Vermutungen verzichten. Das hat den Vorteil, dass Sie sich beim Hören nicht zu stark in Ihrer eigenen Fantasie bewegen und Vermutungen darüber anstellen, was der Sprecher wohl mit seinen Äußerungen gemeint haben könnte. Bei unpräzisen Aussagen bitten Sie direkt um Aufklärung, um den anderen möglichst genau zu verstehen.

Kommunikationsprofis wie Verhandlungsexperten tun das schon lange. Sie haben einen ausgeprägten Spürsinn für unpräzise Angaben und besitzen auch den Mut, an solchen Stellen sofort nachzufragen. Indem sie die Aussagen ihres Gegenübers präzisieren lassen, schaffen sie sich einen geeigneten Ansatzpunkt, an dem sie ihren Vorschlag clever einfädeln können.

Äußert ein Kunde zum Beispiel, dass ihm ein angebotenes Produkt zu teuer sei, fragt der Verkäufer gezielt nach dem Vergleichsmaßstab. Vergleicht der Kunde das Produkt mit anderen, die günstiger sind, wird der Verkäufer auf die hervorragende Qualität seiner Ware zu sprechen kommen, die eben nicht mit den anderen Produkten vergleichbar ist. Dann muss sich der Kunde dafür entscheiden, was er will. Gibt der Kunde jedoch zu erkennen, dass es ihm zu teuer ist, weil er zurzeit knapp bei Kasse ist, wird der kluge Verkäufer auf geeignete Finanzierungsmöglichkeiten hinweisen. Auf keinen Fall wird er sich jedoch mit der Aussage zufrieden geben, dass etwas zu teuer sei. Und zwar nicht, weil er um jeden Preis einen Abschluss erreichen möchte, sondern vielmehr, weil er bis dahin zu wenig Informationen besitzt, um sein Angebot optimal auf den Kunden einzustellen.

→ Übung

Bestimmen Sie bei den folgenden Sätzen, welches sprachliche Muster ausgelassener Informationen Sie erkennen. Wie würden Sie die fehlenden Informationen erfragen? Auf Seite 171 finden Sie unsere Vorschläge.

1. „Ich bekomme keine Anerkennung von Frau Moll."
2. „Unser Abteilungsleiter schätzt unsere Arbeit nicht."
3. „Niemand unterstützt mich bei meiner Arbeit. Immer muss ich alles allein machen."
4. „Sie sagen ja gar nichts; es interessiert Sie wohl nicht."
5. „Über einen Freizeitausgleich wegen der geleisteten Überstunden kann ich mit meinem Chef nicht reden."

Die Kunst des Fragens

Auch Coaches und Berater fragen bei ihren Klienten nach, um sie auf diese Weise bei der Problemlösung zu unterstützen. Die Kunst des Fragenstellens ist für sie ein Schlüssel zu ihrem beruflichen Erfolg. Sie weisen Klienten zum Beispiel auf selbst auferlegte Einschränkungen hin und eröffnen ihnen dadurch neue Perspektiven.

Sehr sinnvoll ist das Nachfragen auch, wenn Sie unsachlichen Angriffen ausgesetzt sind. Statt sofort inhaltlich zu reagieren, drehen Sie den Spieß einfach um und weisen den Angreifer auf seine sprachliche Ungenauigkeit hin. Denn erst, wenn Sie genau wissen, was die andere Person von Ihnen will, können Sie angemessen reagieren. Auf diesem Weg gewinnen Sie Zeit und sind schon viel gefasster, wenn nun der zweite Versuch des Angreifers unternommen wird. Meist fällt der auch viel milder aus, wenn Sie zuvor durch Ihre Rückfrage zur Versachlichung beigetragen haben.

Beispiel:
A: „So etwas sagt doch kein vernünftiger Mensch!“
B: „Was verstehen Sie in diesem Zusammenhang unter vernünftig?“

3.5 Dolmetschen

Durch Zuhören und Nachfragen gewinnen Sie insbesondere bei unsachlichen Angriffen die nötige Zeit, um nicht blindlings eine destruktive Gegenoffensive zu starten. Wenn Sie sich gut abgrenzen können, hören Sie dem anderen aufmerksam zu und nehmen es als seine subjektive Sichtweise an, ohne dabei Ihre eigene Position aus den Augen zu verlieren. In dem Moment ist weder eine Zurechtweisung noch eine Verteidigung nötig. Als Fragender lenken Sie das Gespräch. Sie holen sich ganz gezielt die Informationen, die Sie zum wirklichen Verstehen benötigen.

Mit den Überlegungen aus dem zweiten Kapitel zur Phase der Irritationen können Sie nun noch einen entscheidenden Schritt weitergehen, mit dem Sie Ihren Einfluss auf das Geschehen wesentlich vergrößern. Sie werden zum Dolmetscher des anderen und wiederholen ihm in einer etwas freundlicheren Art, was er Ihnen soeben in einem verletzenden Ton vorgebracht hat. Das ist gar nicht so schwer, wie sich das zunächst anhören mag.

Übersetzen der Botschaft in eine annehmbare Sprache

Aus dem zweiten Kapitel wissen Sie, dass Gefühle wie Wut und Verärgerung aus unerfüllten Bedürfnissen resultieren. Diese sind der Grund für unsere Gefühle und nicht etwa die andere Person. Wir haben uns im vorigen Kapitel mit diesen Einsichten beschäftigt, um gekonnt ein angriffsfreies Feedback geben zu können. Nun lässt sich dieses Wissen auch in umgekehrter Richtung nutzen. Wenn unser Gegenüber noch nicht so vorbildlich Rückmeldung geben kann, wie Sie das jetzt vielleicht immer häufiger praktizieren wollen, dann ist die Lage keineswegs hoffnungslos. Denn Sie können nun durchschauen, in welche Falle Ihr Gegenüber getappt ist und ihn dabei unterstützen, wieder herauszukommen.

Stellen Sie sich vor, Sie stehen an der Rezeption Ihrer Firma und ein wutschnaubender Kunde geht direkt auf Sie zu. Polternd legt er los: „Was ist das denn für ein Saftladen hier? Jeder gibt mir eine andere Auskunft. Das ist ja zum Auswachsen. Ihr habt ja keine Ahnung. Null Professionalität! Für was werdet Ihr eigentlich bezahlt?"

Dolmetscher entwaffnen durch Souveränität

Hier bietet sich natürlich an, dass Sie erst einmal nach den konkreten Vorkommnissen fragen. Denn nur so erhalten Sie Informationen, an die Sie mit Ihrer Antwort sinnvollerweise anknüpfen können. Möglicherweise ist das aber noch zu früh, weil der Kunde erst noch Dampf ablassen muss, um wieder einen klaren Kopf zu bekommen. Deswegen ist es ratsam, wenn Sie gleich direkt auf die Emotionen des Beschwerdeführers einwirken, indem Sie die vermutete wirkliche Ursache ansprechen. So entgegnen Sie zum Beispiel: „Sie sind verärgert, weil Sie Klarheit und Verlässlichkeit brauchen. Ist das richtig?"

Wenn Sie einen Treffer in der Wahl der enttäuschten Bedürfnisse gelandet haben, wird schon ein Teil der Emotionen durch diese erste Intervention verrauchen. Denn endlich fühlt sich der Verärgerte gehört. Er braucht seinen Ärger nicht weiter durch eine Menge von Bewertungen über Ihre Kollegen aufzuheizen. Haben Sie ihn so weit „heruntergeholt", können Sie sich nun den sachlichen Themen widmen, um zu einer endgültigen Lösung zu kommen.

Mit dieser Intervention haben Sie die entscheidenden Weichen gestellt: Sie haben sich klargemacht, dass Sie und Ihre Kollegen nur der Auslöser für die Verärgerung sind, nicht jedoch die Ursache. Und Sie haben als Dolmetscher die Emotionen wieder an die wirkliche Ursache zurückgeführt. Auf diese Weise steuern Sie mit großer Souveränität auf die Lösungsebene zu.

➜ BEI AUFGEBRACHTEN EMOTIONEN HELFEN APPELLE AN DIE SACHLICHKEIT NICHT.

Im Arbeitsalltag erleben wir häufig eine ganz andere Reaktion. Da finden wir Beschwerdeempfänger, die zwar aufrichtig an einer fairen Lösung interessiert sind. Nur wollen Sie von den aufgebrachten Emotionen nichts hören. So ermahnen Sie den Beschwerdeführer, dass er doch bitte sachlich bleiben soll. Diese Bitte entpuppt sich jedoch meist als hilfloser und vergeblicher Versuch. Womöglich wird der andere dadurch noch ärgerlicher, weil er in diesem Beruhigungsversuch eine Belehrung vermutet, dass er sich ordentlich zu verhalten habe. Sobald Sie jedoch zum eigentlichen Thema, den unerfüllten Bedürfnissen, vorstoßen, kommt etwas beim anderen zur Ruhe.

➜ *Praxis*tipp:

Um mutiger in die emotionale Ebene einsteigen zu können, mag Ihnen folgender innerer Satz wie ein Schutzschild zur Abgrenzung helfen: „Ich bin nur der Auslöser für die Gefühle der anderen, nicht die Ursache!"

3.6 Vorbereitung auf Konfliktgespräche

Es braucht eine Menge Übung, damit wir inmitten einer emotional geführten Auseinandersetzung die Offenheit für die Sichtweise unseres Gegenübers bewahren. Die Gefahr ist sehr groß, dass wir unter Druck die Fähigkeit des Perspektivwechsels und des Verstehens verlieren. Dann sehen wir nur noch schwarz-weiß und haben kein Interesse mehr für die tatsächlichen Motive des anderen. Erst die dauerhafte Übung führt zu einer verinnerlichten Haltung, die sich auch in der aktuellen Herausforderung bewährt.

Die Perspektive aller Beteiligten durchspielen

Vor schwierigen Konfliktgesprächen empfiehlt es sich, die verschiedenen Standpunkte ganz bewusst einzunehmen. Wie wichtig eine gute Vorbereitung ist, wissen alle erfahrenen Verhandlungsführer. Und das nicht erst seit gestern.

In seiner Schrift „Über den Redner“ beschrieb Cicero vor 2000 Jahren, wie er sich auf seine Tätigkeit als Anwalt vor Gericht vorbereitet: Wenn der Klient sein Anliegen vorträgt, „vertrete ich gewöhnlich den Standpunkt des Gegners, damit er seinen eigenen verteidigt und alles vorbringt, was er sich zu seinem Fall gedacht hat. So übernehme ich, wenn er gegangen ist, vollkommen unparteiisch drei Rollen in einer einzigen Person, die meine, die des Gegners und die des Richters.“

Auch von Gandhi wird berichtet, dass er vor wichtigen Verhandlungen die Situation mit den Augen eines Hindu, eines Moslem und eines Briten betrachtete. Er ging aber noch einen entscheidenden Schritt weiter. Denn er beließ es nicht nur beim gedanklichen Perspektivwechsel. Er schlüpfte wie ein Schauspieler in verschiedene Rollen – mit Haut und Haaren. So verkörperte er die Standpunkte, indem er dazu ganz bestimmte Körperhaltungen einnahm. Einer seiner Mitarbeiter beobachtete zum Beispiel, dass er sich beim Nachdenken dann wie ein Brite im Haus bewegte: Etwas steif, gemessenen Schrittes und mit einer bestimmten Weise, die Hände zu halten. So konnte er am unmittelbarsten erfahren, wie sein Verhandlungspartner zu einem bestimmten Vorschlag stehen mochte. Vor besonders wichtigen Entscheidungen nutzte Gandhi noch eine weitere Position. Er überlegte sich, wie eine bestimmte Forderung den Briten gegenüber von der Weltöffentlichkeit aufgenommen werden würde. Nur wenn er auch von dieser Position aus mit Zuspruch rechnen konnte, erschien ihm sein Vorhaben Erfolg versprechend.

Die Perspektive unparteiischer Dritter einbeziehen

Grundsätzlich lassen sich drei Wahrnehmungspositionen unterscheiden. Dazu zählt unsere eigene Wahrnehmung, die unseres Gegenübers und die eines unbeteiligten Dritten, der die Sache unparteiisch sieht und emotionslos den Gesamtüberblick behält. Zusammen liefern sie eine große Fülle an Informationen und Verständnismöglichkeiten. Im Weiteren erhalten sie folgende Bezeichnungen: Ich-Position, Du-Position und Meta-Position (griech. meta = über).

Drei Wahrnehmungsperspektiven

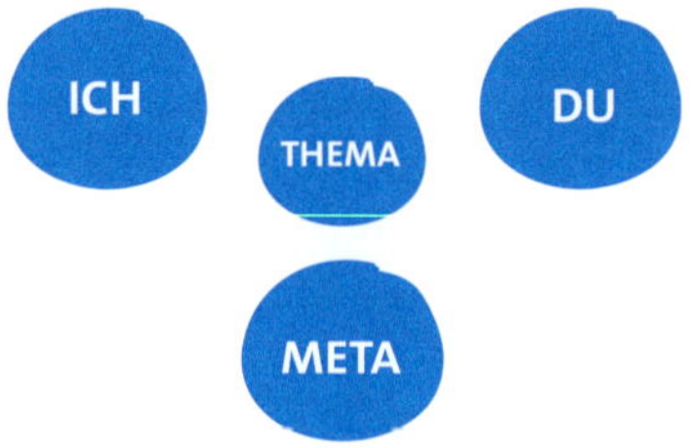

→ Übung

Denken Sie an eine schwierige Situation mit einer anderen Person. Es kann sich um ein gravierendes Missverständnis handeln oder auch um einen offen ausgetragenen Konflikt.

1. Vergegenwärtigen Sie sich die Situation zunächst nochmals aus Ihrer eigenen Perspektive. Wie erleben Sie die Situation? Was sehen Sie, was hören Sie und was fühlen Sie? Wie ist Ihre Körperhaltung dabei? Und was denken Sie über die andere Person?
2. Jetzt geht es darum, die Situation einmal mit den Augen der anderen Person zu sehen. Das wird auf Anhieb gar nicht so leicht sein, weil es bisher ja am gegenseitigen Verstehen gemangelt hat. Um so wichtiger ist es, dass Sie sich jetzt von Ihrem Standpunkt lösen. Nehmen Sie dazu ganz bewusst einen anderen Platz im Raum ein und beziehen die Du-Position. Schlüpfen Sie nun wie ein Schauspieler in eine neue Rolle. Übernehmen Sie die typische Körperhaltung der anderen Person und ihren Gesichtsausdruck. Das Wichtigste ist dabei, dass Sie all das in einer neugierigen Einstellung ausprobieren. Nur so haben Sie die Chance, etwas über die Sichtweise der anderen Person zu erfahren. Wenn Sie mit Widerwillen in die Du-Position gehen, dann zeigt das, dass Sie noch ganz in Ihrer Ich-Position gefangen sind. Dann machen Sie sich erst einmal locker, schütteln Ihren Körper kräftig durch und dabei die starre „Ich-habe-recht-Haltung" ab.

   Wenn Sie auf diese Weise ein Gespür für die andere Person entwickelt haben, dann erleben Sie die Situation einmal aus dieser Perspektive. Wie geht es Ihnen in der Rolle von Person XY? Was sehen Sie, was hören Sie und was empfinden Sie dabei? Was denken Sie über Ihr Gegenüber, das im realen Leben Sie selbst sind?
3. Suchen Sie sich nun einen dritten Platz im Raum. Das ist die Meta-Position. Von hier aus schauen Sie wie eine neutrale Person auf das Geschehen und behalten den Überblick über das Ganze. Emotionen sind hier nicht gefragt, vielmehr ein kühler Kopf.

Für sehr emotionale Menschen ist dieser Standpunkt eine große Herausforderung. Hier müssen Sie so tun, als seien Sie in die ganze Geschichte nicht verwickelt. Wegen dieser Kompetenzen werden in Organisationen und Unternehmen Supervisoren oder Mediatoren eingeladen, weil sie als Außenstehende unparteiisch in Konflikten vermitteln können.

Falls Sie also feststellen, dass Sie wieder von starken Emotionen eingeholt werden, vergrößern Sie den Abstand zu der Ich- und Du-Position und stellen sich gleichzeitig vor, wie zwischen Ihnen als neutraler Beobachter und der Situation eine trennende Glasscheibe eingezogen ist. Und dann schauen Sie wieder in Ruhe auf die beiden beteiligten Personen. Wie gehen diese miteinander um? Was fällt Ihnen auf? Inwieweit sind sie in ihren Sichtweisen gefangen? Welche Eigenschaften würden ihnen guttun, um das Problem leichter lösen zu können? Schicken Sie ihnen im Geist die wünschenswerten Eigenschaften zu, zum Beispiel Einfühlungsvermögen, Mut zur klaren Aussprache, Ehrlichkeit, Vertrauen usw. Hauptsache, Sie bleiben die neutrale und wohlwollende Person, die den Überblick behält.

4. Treten Sie zum Schluss nochmals in die Ich-Position ein und vergegenwärtigen Sie sich die neu gewonnenen Einsichten. Spüren Sie, was sich in Ihnen verändert hat und achten Sie darauf, ob es einen neuen Handlungsimpuls gibt, wie Sie die verfahrene Situation jetzt gerne lösen möchten.

Wer es sich zur Gewohnheit macht, schwierige Situationen aus den drei Wahrnehmungspositionen zu betrachten, bleibt offen für andere Sichtweisen und beweglich im Geist. Cicero und Gandhi führte das zu Klugheit und Weisheit. Menschen, die wir dagegen für dumm halten, fehlt genau diese Beweglichkeit. Sie erscheinen uns engstirnig und sehr begrenzt in ihrer Wahrnehmung. Es fehlt ihnen ein weiter Gesichtskreis.

3.7 Kooperation oder Konkurrenz, oder beides?

Sie haben nun einige Werkzeuge kennen gelernt, mit denen Sie einer weiteren Eskalation des Konflikts wirkungsvoll entgegentreten können. Eine Frage steht jedoch noch unbeantwortet im Raum: Sind Sie tatsächlich dazu bereit, im realen Konfliktfall auf diese effektiven Werkzeuge zurückzugreifen? Sind Sie entschlossen, mit ihnen zu üben, auch wenn Sie keine Garantie dafür bekommen, dass sich dadurch alles zum Guten wendet? Schließlich wissen Sie nicht, wie Ihr Gegenüber auf Ihre Interventionen reagiert. Es besteht nämlich die Gefahr, dass der andere Ihren aufrichtigen und wohlgesonnenen Verständigungsversuchen misstraut und mit einer erneuten Attacke antwortet. Solche Vorstellungen lösen Befürchtungen aus, die ein beherztes und entschiedenes Handeln lähmen. Dann melden sich die bereits erwähnten Widerstände, die uns lautstark ins Ohr rufen: „Warum immer ich? Warum soll ich auf den anderen zugehen? Soll der doch seine Bereitschaft zu einer friedlichen Lösung zeigen. Und was ist, wenn mir mein Bemühen um ein Verstehen als Schwäche und Nachgeben ausgelegt wird, das mein Gegenüber raffiniert auszunutzen versucht?"

Wenn Sie nicht darauf vertrauen, dass die andere Person für die beiderseitig beste Lösung bereit ist und Sie sich deswegen für die Gefahr einer weiteren Eskalation entscheiden, befinden Sie sich in einer vertrackten Situation. Diese Lage erinnert an eine Konstellation, die in der Wissenschaft als Gefangenendilemma bezeichnet wird. Mit mathematischer Präzision zeigt es uns, wann Kooperation sinnvoll ist und wann nicht. Die Ergebnisse sprechen eine deutliche Sprache.

Das Gefangenendilemma

Zwei Personen, A und B, werden von der Polizei bewaffnet in einem Laden erwischt, aus dem hochwertige technische Geräte im Wert von 100.000 Euro verschwunden sind. Bei den beiden Verdächtigen kann das Diebesgut jedoch nicht gefunden werden. Gegenwärtig kann ihnen nur Hausfriedensbruch und unerlaubter Waffenbesitz nachgewiesen werden. Zu einer Anklage wegen bewaffnetem Diebstahl fehlen dem Staatsanwalt die entsprechenden Beweise. Nur ein Geständnis mindestens eines der beiden Beschuldigten kann ihm weiterhelfen. So greift er zu einer Kronzeugenregelung und schlägt den beiden folgenden Deal vor: Wenn einer allein von ihnen auspackt und ein Geständnis ablegt, wird dieser als Kronzeuge behandelt und geht damit straffrei aus. Der Nichtgeständige ist dann der Tat überführt und muss mit einer Bestrafung von vier Jahren Haft rechnen. Gestehen beide, sichert der Staatsanwalt ihnen eine Strafmilderung für den bewaffneten Diebstahl zu. Dann hat jeder eine Strafe von zwei Jahren Haft zu erwarten. Falls sie jedoch beide schweigen und kein Geständnis ablegen, hat er sie nur wegen Hausfriedensbruchs und unerlaubten Waffenbesitzes in der Hand, was sie ein Jahr kosten würde. Nach dieser Unterweisung werden die Beschuldigten wieder abgeführt und in getrennten Räumen vernommen. Sie hatten zuvor keine Gelegenheit zur gemeinsamen Absprache.

→ Gedankenexperiment

Stellen Sie sich vor, Sie sitzen nun allein in einem Raum (im ursprünglichen Gedankenexperiment war die Rede von einer Gefängniszelle, von der das Modell seinen Namen bezog), wo Sie der Vernehmungsbeamte nach etwa 20 Minuten Bedenkzeit befragen wird. Wie werden Sie sich entscheiden?

Die Situation, in der Sie sich befinden, sehen Sie vereinfacht in der folgenden Matrix. Die erste Zahl gibt jeweils die Länge der Gefängnisstrafe für A an, die zweite für B.

	B schweigt (Kooperation)	B gesteht (Konkurrenz)
A schweigt (Kooperation)	1 / 1	4 / 0
A gesteht (Konkurrenz)	0 / 4	2 / 2

Vertrauen oder Misstrauen – das ist hier die Frage

Vermutlich haben Sie kein Interesse daran, eine Zeit Ihres Lebens eingesperrt zu verbringen. Wenn Sie die Kronzeugenregelung in Anspruch nehmen und vor Gericht aussagen, können Sie mit Straffreiheit rechnen. Aber das Ergebnis hängt nicht allein von Ihnen ab. Sie wissen ja nicht, wie sich Ihr Komplize B verhält. Falls er auch aussagt, müssen Sie beide mit zwei Jahren rechnen. Wäre es da nicht für beide am besten, wenn jeder von Ihnen die Aussage verweigern würde? Dann wären Sie mit jeweils einem Jahr Haft wieder aus dem Schneider. Erneut werden Sie wieder von Zweifeln eingeholt. Kommt Ihr Komplize zu dem gleichen Schluss? Erkennt er auch darin die beste Kooperationsstrategie und ist er willens, diese zu wählen? Falls nicht, dann kann es ganz dumm für Sie ausgehen. Denn wenn Sie schweigen und B gesteht, dann haben Sie vier Jahre Haft zu erwarten. Das ist die ungünstigste Strategie für Sie.

Merken Sie es? Sie befinden sich in einem Dilemma. Wie Sie es auch drehen und wenden, Ihre Entscheidung ist abhängig davon, was Sie Ihrem Komplizen zutrauen und wie Sie zu ihm stehen. Eine Gewissheit haben Sie nicht. Wenn Sie keine Möglichkeit einer vorherigen Absprache haben, ist es aus egoistischer Sicht sinnvoller, wenn Sie aussagen. Leider stellt es sich so auch für B dar. Die individuell scheinbar klügste Strategie führt dann aber unweigerlich zum schlechtesten Ergebnis für beide.

Werkzeug 14: Die Strategie Tit for tat

Der Politikwissenschaftler Robert Axelrod wollte genau wissen, welche Strategie sich langfristig am erfolgreichsten in diesem Dilemma behauptet. Er hat dazu Experten aus der Spieltheorie zu einem Computerturnier eingeladen, die mit den unterschiedlichsten Strategien über viele Runden hinweg miteinander ins Rennen gingen. Gewonnen hat in diesem Wettbewerb die einfachste Strategie, die vollkommen auf raffinierte und verdeckte Aktionen verzichtete. Ihr Begründer, der Mathematiker Anatol Rapoport, nannte sie „Tit for tat", was sich mit „Wie du mir, so ich dir" übersetzen lässt. Sie baut auf vier einfachen Regeln auf.

- Signalisiere schon vom ersten Zug an deine Kooperationsbereitschaft.
- Falls deine Kooperationsbereitschaft vom Mitspieler zu dessen Vorteil ausgenutzt wird, dann schlage im nächsten Schritt sofort zurück und reagiere auch unkooperativ.
- Sei nicht nachtragend und reagiere auf Zeichen der Kooperation ebenfalls kooperativ.
- Halte dich in jedem Fall an diese Regeln, damit dein Mitspieler möglichst leicht deine Strategie erkennen kann.

„Tit for Tat" ist eine freundliche Strategie, die sich wehrhaft gegenüber unkooperativen Strategien zeigt. Trotz ihrer ungebrochenen Kooperationsbereitschaft lässt sie sich nicht ausnutzen. Da sie nicht raffiniert und hinterhältig verfährt, können die Mitspieler Vertrauen in deren Regelhaftigkeit entwickeln und so ihrerseits die Angst vor Ausbeutung überwinden. Das ist die beste Voraussetzung dafür, dass die Spieler einander vertrauen und miteinander kooperieren. Denn das Gefangenendilemma ist so angelegt, dass als Information über den Partner nur sein Verhalten aus den vorherigen Runden zur Verfügung steht.

In langfristigen Beziehungen überwiegt das Vertrauen

Eine große Rolle zur Kooperationsbereitschaft spielt natürlich auch die Häufigkeit der Begegnungen. Wer mit seinem Partner in langfristigen Privat- oder Arbeitsbeziehungen steht, ist umso eher bereit, mit ihm vertrauensvoll zu kooperieren. Ein gelegentliches Austricksen entzöge jeder Zusammenarbeit die Basis.

Robert Axelrod hat in Versuchsreihen mit Studierenden noch ein gravierendes Hindernis zur Kooperationsbereitschaft ausgemacht. Es ist unser häufiges Denken in der Kategorie von Nullsummenspielen. Es verleitet uns zu der verallgemeinerten Annahme, dass der eine verlieren muss, was der andere gewinnt. Dieses Denken eicht uns auf Konkurrenz. Axelrod beschreibt in seinem Buch „Die Evolution der Kooperation", dass es den Studierenden nicht gelungen sei, sich an seine Anweisungen zu halten, weil sie diese fast schon reflexartig uminterpretiert hatten. In Gewinnspielen auf der Basis des Gefangenendilemmas bat er sie, so viele Punkte wie möglich zu erringen. Dabei fügte er hinzu, dass es nicht darauf ankomme, ob sie mehr oder weniger Punkte als ihre Mitspieler erzielen. Ernüchtert stellt er nachträglich fest: „Diese Anleitungen funktionieren einfach nicht. Die Studenten suchen nach einem Vergleichsmaßstab, um zu sehen, ob sie gut oder schlecht abschneiden. Am einfachsten ist für sie der Vergleich ihrer Punktzahl mit der Punktzahl des anderen Spielers." Dabei hätte es einen weit besseren Vergleichsmaßstab gegeben. Den liefert der Vergleich des eigenen Abschneidens mit dem eines beliebigen anderen Spielers, der in dieser Situation vor der gleichen Entscheidung gestanden hätte.

Vorsicht ist geboten, wenn nur einer gewinnen kann

Natürlich gibt es im Leben auch viele Situationen, die Nullsummenspielen gleichen. Reine Wettbewerbssituationen sind typisch dafür. Gewinnen kann in diesen Fällen nur einer. Dann ist es selbstverständlich nicht ratsam, den Konkurrenten in die Karten schauen zu lassen. Der würde sich vor so viel Naivität nur die Hände reiben und mit der gewonnenen Information auf die Überholspur wechseln.

Doch die meisten Situationen, in denen wir uns befinden, sind keine Nullsummenspiele. Sie sind nicht festgelegt auf das Schema: Was der eine gewinnt, muss der andere verlieren. Auch wenn wir uns das in unserer Angst vor Verletzung oft einbilden. Eine gelingende Kooperation kann vielmehr dafür sorgen, dass beide Parteien zu Gewinnern werden. Die Rede ist von der vielzitierten Win-win-Strategie. Wir haben bereits im zweiten Kapitel auf sie hingewiesen, als wir die verschiedenen Stile der Interessenverfolgung vorgestellt haben. Noch einmal verweisen wir auf das Schaubild „Das Modell der Interessenvertretung" in Kap 2.1, weil es auf einen Blick deutlich macht, worin sich diese Strategie von den anderen unterscheidet.

Die Strategie „Tit for Tat" hat im experimentellen Rahmen des Gefangenendilemmas nachgewiesen, welche Bedingungen für eine erfolgreiche Kooperation nötig sind. Im realen Leben kommt noch etwas Gewichtiges dazu: Miteinander reden und sich gegenseitig zuhören. Anregungen dazu haben wir in diesem Buch bereits an mehreren Stellen gegeben. Im folgenden Unterkapitel 3.8 „Das Konfliktgespräch" zeigen wir Ihnen exemplarisch auf, welche Hürden Sie dabei zu überwinden haben.

Bei Win-win-Lösungen kommt in der Summe mehr heraus

Das Gespräch zwischen den Konfliktparteien ist aber noch nicht der springende Punkt, der beide zu Gewinnern macht. Denn gesprochen und zugehört wird auch dort, wo beide Parteien am Ende einen Kompromiss aushandeln. Der Kompromiss ist jedoch keine Win-win-Strategie, da er von erheblichen Zugeständnissen geprägt ist und keine der Parteien so recht auf ihre Kosten kommt. Wie das Beispiel des Feilschens zeigt, rangiert der Kompromiss schließlich doch noch unter der Annahme des Nullsummenspiels. Die klassische Situation: X hat 100 Prozent Forderungen und Y hat 100 Prozent Forderungen. In der Kompromisslösung verzichtet jeder auf 50 Prozent seiner Forderungen und erhält 50 Prozent.

Erst wenn diese Annahme aufgegeben wird, ist der Weg frei für eine Lösung, die beide Parteien zu Gewinnern macht, in der zum Beispiel jeder 80 Prozent seiner Forderungen erfüllt bekommt – das macht zusammen 160 Prozent.

Die Verhandlungslehre zeigt mit dem so genannten Harvard-Konzept schon seit längerem, wie das geht. Statt über festgefügte Positionen soll über die zu Grunde liegenden Interessen verhandelt werden. Ein klassisches Beispiel dafür ist die Gehaltsverhandlung.

> **Beispiel:**
>
> Herr Hansert ist der Meinung, dass er zu wenig Geld für seine Leistung in der Firma bekommt. Er geht deswegen zu seinem Vorgesetzten und bittet um eine deutliche Gehaltserhöhung. Dieser sieht sich in der momentanen finanziellen Lage außer Stande, einer spürbaren Erhöhung nachzukommen. Nur ein sehr bescheidener Betrag als Zeichen des guten Willens wäre für ihn denkbar. Würde die Gehaltsverhandlung zu diesem Abschluss gelangen, wäre Herr Hansert trotz der Lohnsteigerung sicher nicht zufrieden. Er empfände den Abschluss mit großer Wahrscheinlichkeit als einen schlechten Kompromiss, von dem niemand so recht etwas hat.

Win-win-Lösungen sind kreativer und machen zufriedener

Sein Chef lässt sich jedoch nicht von der Prämisse eines Nullsummenspiels leiten. Er will den Rahmen der unvereinbar erscheinenden Positionen verlassen und erfahren, was sich an Bedürfnissen hinter der Forderung von Herrn Hansert befindet. Mit diesen zusätzlichen Informationen kann er dann die Verhandlungsmasse erheblich ausweiten und gemeinsam mit Herrn Hansert neue befriedigende Lösungsmöglichkeiten in den Blick nehmen, die zuvor nicht gesehen wurden.

Hinter Forderungen nach einem höheren Gehalt steht sehr häufig das Bedürfnis nach mehr Wertschätzung der eigenen Arbeitsleistung. Ist dieses einmal erfasst, lassen sich auch andere Wege zu ihrer Erfüllung finden als die bloße Gehaltserhöhung. So könnte der Vorgesetzte Herrn Hansert als Anerkennung für seine Leistung auch die private Nutzung des Firmenwagens anbieten oder die Teilnahme an einer kostenintensiven Weiterbildung, für die sich Herr Hansert schon länger interessierte. Diese Investition käme dann sowohl Herrn Hansert als auch der Firma zugute. Der Kreativität beim Finden von Lösungen, die die Interessen beider Seiten berücksichtigt, sind dabei keine Grenzen gesetzt.

3.8 Das Konfliktgespräch

Das Konfliktgespräch stellt weit höhere Anforderungen an die Beteiligten als das Geben von konstruktivem Feedback, wie es in Kapitel 2.4 behandelt wurde. Denn ein Gespräch beinhaltet ein länger andauerndes Wechselspiel von Reden und Zuhören.

Gerade bei so schwierigen Gesprächen wie dem Behandeln von Konflikten sind schon im Vorfeld allerlei Fallen aufgestellt, in die man nur allzu leicht hinein gerät. Wo Emotionen mit im Spiel sind, geschieht es unversehens, dass man sich gegenseitig ins Wort fällt und nicht ausreden lässt. Auch gravierende Missverständnisse sind vorprogrammiert. Wie wir in unserem Grundlagenbuch zur Kommunikation ausgeführt haben, sind Missverständnisse sogar der Normalfall der Kommunikation. Denn Verstehen ist immer ein aktiver Vorgang, bei dem der Zuhörer das Gehörte vor dem Hintergrund seiner subjektiven Erfahrung interpretiert. Erst bei heiklen Gesprächen wird uns dieser Sachverhalt schmerzlich bewusst. Es gibt also keinerlei Garantie dafür, dass wir richtig verstanden werden. Der Philosoph Jürgen Habermas hält allein das „Bild einer diffusen, zerbrechlichen, dauernd revidierten, nur für Augenblicke gelingenden Kommunikation" für realistisch, in der sich die Gesprächspartner von einer gelegentlichen Gemeinsamkeit zur nächsten tasten.

→ DAS VORRANGIGE ZIEL DES KONFLIKTGESPRÄCHS IST DESWEGEN, DASS SIE MIT IHREM GESPRÄCHSPARTNER IN KONTAKT BLEIBEN UND NICHT IN IHREN EIGENEN VORSTELLUNGEN GEFANGEN SIND.

Wir stellen Ihnen nun ein analytisches Instrument vor, das in hervorragender Weise geeignet ist, sowohl die Bruchstellen als auch die gelingenden Übergänge in der Kommunikation zu markieren. Anhand eines konkreten Konfliktgesprächs können wir Ihnen damit zeigen, mit welchen kommunikativen Hilfsmitteln es die Konfliktparteien schaffen, eine für beide Seiten befriedigende Konfliktlösung zu finden. Manchmal handelt es sich nur um verpasste Ausfahrten, die den Weg in die Eskalation verhindert hätten. Sie müssen nur rechtzeitig erkannt werden.

Werkzeug 15: Das Sechs-Stühle-Modell

In unseren Konflikt- und Kommunikationstrainings arbeiten wir gerne mit dem Sechs-Stühle-Modell, das den Beteiligten durch räumliche Positionierungen eindrücklich nahe bringt, welcher Schritt im Konfliktgespräch als nächstes dran ist oder warum eine gewählte Position sich als kontraproduktiv erweist.

Zu diesem Vorgehen finden sich die zwei Konfliktparteien zusammen. Jede Partei erhält jeweils drei Stühle. Auf den Ich-Stuhl setzt sie sich, wenn sie der anderen Person ihre Sicht der Dinge mitteilen will. Sobald sie zuhört und sich für die Sichtweise ihres Gegenübers interessiert, wechselt sie auf den Du-Stuhl. Und wenn sie den Zeitpunkt für gekommen hält, gemeinsam nach Lösungen des Konflikts Ausschau zu halten, nimmt sie auf dem Wir-Stuhl Platz. Der anderen Partei stehen auf deren Seite ebenfalls drei Stühle zur Verfügung.

Das 6-Stühle Modell

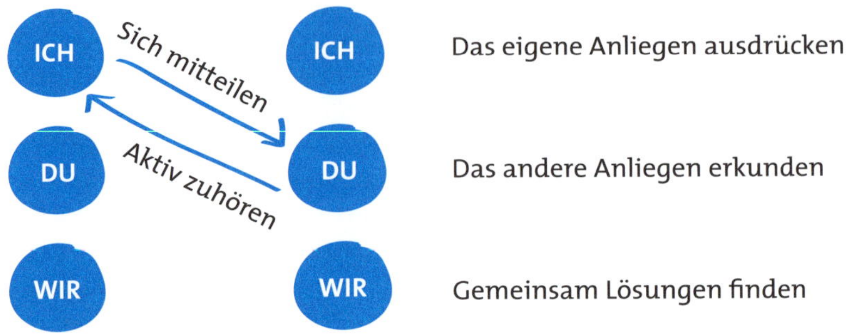

Die Abbildung spiegelt eine ideale Ausgangsbedingung für ein Konfliktgespräch wider. Person A teilt ihr Anliegen mit und Person B hört zu. Nur leider sind diese Bedingungen in der Realität oft nicht gegeben. Dann stellen die Beteiligten resigniert fest, dass ihr Gespräch trotz viel guten Willens doch nicht so zielführend verläuft, wie es das Lehrbuch mit seinen tollen Ratschlägen in Aussicht stellte.

Deswegen halten wir uns hier an das realistische Bild einer zerbrechlichen, nur für Augenblicke gelingenden Kommunikation und verfolgen anhand eines nachgestellten Gesprächs, wie es den Konfliktparteien immer wieder mit viel Mühe gelingt, sich von einer Gemeinsamkeit zur nächsten vorzutasten. Wahrscheinlich stellen Sie dabei fest, dass Kommunikation eine weit anspruchsvollere Angelegenheit ist, als zuvor gedacht. Wie sollte das auch anders sein, wo doch das Missverstehen der Normalfall der Kommunikation ist? Je bewusster man sich dieser Tatsache jedoch ist, um so entschiedener kann man andererseits dafür Sorge tragen, dass die Chancen für ein gegenseitiges Verstehen steigen.

Das Beispiel von Frau Jonitz und Herrn Kauder:

Blicken wir nun also in das gemeinsame Büro von Frau Jonitz und Herrn Kauder. Beide sind Sachbearbeiter im Rathaus einer deutschen Großstadt. Sie teilen sich das Büro bereits seit zwei Jahren. Im Großen und Ganzen gehen sie kollegial miteinander um. Nur eine Sache reizt Herrn Kauder bis aufs Messer. Seine Kollegin führt ihre Telefongespräche immer so laut und enthusiastisch, dass er dabei nicht konzentriert arbeiten kann. Besonders nerven ihn dabei die privaten Gespräche, die Frau Jonitz mindestens einmal am Tag ausführlich mit ihren Verwandten und Freunden führt. Herr Kauder hat den Eindruck, dass dieses Verhalten in den letzten beiden Monaten sogar noch erheblich zugenommen hat. Auch hat er gegenüber Frau Jonitz schon des öfteren Bemerkungen fallen lassen, dass ihn das laute Telefonieren beim Arbeiten stört. Auf unsere Nachfrage hin räumt er ein, dass diese Bemerkungen meist mit einem spitzen Unterton und unmissverständlichen Beleidigungen versehen waren. Spürbare Piekser eben. Gewiss nicht so vorbildlich wie das ein Feedback nach allen Regeln der Kunst vorsehe. Aber was solle er tun? Schließlich möchte er, dass Frau Jonitz seinen Widerwillen wegen der Störungen auch zu spüren bekommt.

Weil Herr Kauder schon länger weiß, dass er als konfliktscheuer Mensch offenen Auseinandersetzungen am liebsten aus dem Weg geht, hat er vor vier Wochen endlich einmal ein Konfliktseminar bei der ortsansässigen Verwaltungsakademie besucht. Dabei hat er einiges gelernt, das er nun im Konfliktgespräch mit Frau Jonitz gleich ausprobieren möchte. Er ist also kein Anfänger mehr.

So hat er sich auf das bevorstehende Gespräch gut vorbereitet. Er weiß genau, was er Frau Jonitz vorbringen möchte und hat sich auch schon Gedanken über die Wortwahl gemacht, weil er keine unnötige Angriffsfläche bieten möchte, die nur wieder vom eigentlichen Ziel ablenkt. Bewusst hat er Frau Jonitz schon am Vortag um einen Gesprächstermin gebeten, bei dem sie sich beide ungestört unterhalten können. Damit sich Frau Jonitz auf das Thema einstimmen kann, hat er sie in wenigen Sätzen darüber informiert, um was es ihm bei dem geplanten Gespräch geht. Frau Jonitz zeigte sich zwar etwas verwundert über die förmliche Herangehensweise, stimmte aber zu. Nun ist es so weit.

Herr Kauder: *„Ich bin sehr froh, dass Sie heute bereit sind, mit mir nochmals über das zu sprechen, was mir nun schon seit längerer Zeit Kummer bereitet. Wir haben uns ja schon mehrfach darüber unterhalten, wie es mir geht, wenn Sie am Telefonieren sind. Ich glaube, dass ich es wegen meiner Gereiztheit oft nicht sonderlich glücklich rüber brachte. Jedenfalls endete es meist in gegenseitigen Anschuldigungen. Ich möchte es heute nochmals anders versuchen. Es geht mir schließlich um unsere weitere, prinzipiell gute Zusammenarbeit. Und ich vertraue darauf, dass wir eine Lösung finden, die uns beiden gerecht wird."*

Mit dieser Gesprächseröffnung klärt Herr Kauder die Situation, in der sie sich beide befinden. Er stellt einen guten Kontakt zu seiner Kollegin her, indem er auf Gemeinsamkeiten verweist. Zusammen mit den Absprachen vom Vortag ist damit der Rahmen geschaffen, in dem das Gespräch verlaufen kann.

Herr Kauder: *„Wissen Sie, Frau Jonitz, gestern war wieder so ein Tag, wo ich große Mühe hatte, mich bei meiner Arbeit zu konzentrieren. Sie hatten mehrere Telefongespräche mit Bürgern und nachmittags unterhielten Sie sich gut eine halbe Stunde mit Ihrer Schwägerin. Für mein Empfinden war das alles recht laut. Das führt dann wie gesagt dazu, dass ich nicht konzentriert arbeiten kann und mich immer wieder von vorne in den Vorgang vertiefe. Das frustriert mich, weil mir ein effektives Arbeiten wichtig ist."*

> Frau Jonitz: *„Ja, Herr Kauder, aber übertreiben Sie das Ganze nicht etwas? Das ist doch kein Altenheim hier. Ich gebe unseren Bürgern eben nicht nur eine bürokratische Antwort. Die sollen ruhig spüren, dass sie es bei uns mit lebendigen Menschen zu tun haben. Eine persönliche Ansprache wirkt oft Wunder. Dann sind die Leute gleich viel freundlicher und zeigen auch mehr Verständnis, wenn wir nicht jedem Anliegen nachkommen können. Das wissen Sie doch selbst. Und außerdem ist das auch mein Temperament. Ich lasse Sie doch auch, wie Sie sind."*

Vermutlich wird Herr Kauder nicht sehr zufrieden sein mit der Reaktion von Frau Jonitz. Und das, obwohl sie durchaus freundlich antwortet. Sie versucht die ganze Situation zu beschwichtigen. Dabei hält sie mit nachvollziehbaren Argumenten dagegen. So, als ginge es um eine sachliche Auseinandersetzung, bei der zu entscheiden wäre, wer der beiden denn nun im Recht sei.

Im Sechs-Stühle-Modell lässt es sich unmittelbar auf den Punkt bringen, was in diesem Gespräch momentan schiefläuft und wie Herr Kauder intervenieren kann, um dem Gespräch die entscheidende Wendung zu geben. Tut er das nicht, wird das Gespräch wie gewohnt zu keinem fruchtbaren Ergebnis gelangen. Das sind dann die enttäuschenden Situationen, wo jemand klagt: „Ich habe es ihr schon hundertmal gesagt, aber es bringt nichts". Wahrscheinlich wurde es tatsächlich hundertmal mehr oder weniger gleich vorgetragen. Dann ist es natürlich kein Wunder, das es jedes Mal mit dem gleich unbefriedigenden Ergebnis endete. Auch Herr Kauder sollte die entscheidenden Ausfahrten nicht verpassen.

Keiner hört dem anderen wirklich zu

Was in dieser frühen Gesprächssequenz fehlt, ist die Zuhörerin auf dem Du-Stuhl. Der ist ersichtlich leer. Hingegen sind zwei Ich-Stühle besetzt. Jeder erklärt dem anderen seine Sicht der Dinge. Keiner hört aktiv zu. Frau Jonitz hat ihre Entgegnung mit einem vielsagenden „Ja, aber" eingeleitet. Diese Formulierung verrät deutlich, dass sie mit dem „aber" ihre Sichtweise gegen die Sicht ihres Kollegen hält. Verständigung sieht anders aus.

Intuitiv hat Herr Kauder auch gemerkt, dass schon zu Beginn etwas schiefläuft. Ein bisschen enttäuscht stellt er fest, dass es im geschützten Rahmen des Konfliktseminars ganz anders verlaufen wäre. Dort hätte seine Übungspartnerin den kontrollierten Dialog angewendet und sich erst einmal um ein Verstehen seiner Sichtweise bemüht. Aber nichts dergleichen. Das ist eben der Unterschied zwischen Theorie und Praxis, murmelt er resigniert in sich hinein. Doch es geht mitnichten um Fragen von Theorie und Praxis.

Es geht für Herrn Kauder allein um die praktische Frage, wie er Frau Jonitz auf den Du-Stuhl bekommt, wenn sie ihn nicht schon von sich aus wählt. Herr Kauder muss sich nur an das passende Interventionsmuster erinnern und es dann konsequent anwenden. Andernfalls besteht schon in diesem frühen Stadium die Gefahr, dass zwei Menschen auf den Ich-Stühlen Fronten bilden und Stück für Stück in die Eskalation rutschen.

Herr Kauder hat wie jeder Mensch das Bedürfnis, gehört und verstanden zu werden. Solange dieses Bedürfnis nicht erfüllt ist, fehlt es an der Bereitschaft, sich für die Sichtweise des anderen zu interessieren. Mit einer Kontaktbitte kann er die Chance erhöhen, dass sein Bedürfnis erfüllt wird. So verzichtet er nun auf eine Replik auf die Äußerung seiner Kollegin und kommt nochmals mit großer Beharrlichkeit auf sein Anliegen zurück. Er will damit gehört werden.

Herr Kauder: *„Frau Jonitz, ich bin jetzt gar nicht sicher, ob ich mich mit meinem Anliegen klar ausgedrückt habe. Das ist mir jedoch sehr wichtig. Mögen Sie mir deswegen bitte nochmals sagen, was bei Ihnen angekommen ist?“*
Frau Jonitz: *„Wie? Das haben Sie doch selber schon gesagt.“*
Herr Kauder: *„Ja, ich möchte einfach nur sicherstellen, dass wir beide vom Gleichen reden. Deswegen interessiert mich, was Sie mich eben sagen hörten.“*

Frau Jonitz zeigt sich über die ungewöhnliche Kontaktbitte überrascht. Herr Kauder lässt sich jedoch nicht davon abbringen und wiederholt sie in etwas veränderter Formulierung. Dadurch wechselt Frau Jonitz auf den Du-Stuhl und versucht, das Anliegen ihres Kollegen sinngemäß wiederzugeben.

Frau Jonitz: *„Wenn Sie es so genau wissen wollen: Ich habe gehört, dass Sie mit meinem Temperament nicht zurechtkommen. Ich bin Ihnen zu laut und zu temperamentvoll. Sie möchten, dass es hier leise zugeht, wie im Altenheim. Na ja, das haben Sie so nicht gesagt, aber wahrscheinlich gedacht.“*

Die Antwort von Frau Jonitz zeigt unmittelbar, wie wichtig die Klärung des Gehörten ist. Denn das Gesagte und das Gehörte klaffen entscheidend auseinander. Frau Jonitz hört einen Vorwurf heraus, obwohl ihr Kollege sehr darum bemüht war, sie nicht anzugreifen. Missverständnisse lassen sich nicht vermeiden, aber klären. Ohne diese Klärung nimmt das Gespräch eine gefährliche Wendung. Außerdem ist Frau Jonitz beim Zusammenfassen des Gehörten bereits selbst aufgefallen, dass sie in Herrn Kauders Aussagen mehr hineinlegt, als dieser tatsächlich gesagt hat.

Herr Kauder: *„Danke, dass Sie mir das nochmals sagten. Das hilft mir sehr. Denn mir ist aufgefallen, dass da etwas anderes ankam, als ich meinte. Vielleicht habe ich mich doch nicht deutlich genug ausgedrückt. Es liegt mir fern, Sie in Ihrem Temperament zu kritisieren. Ach, ich mag Ihre lebhafte Art ja in vielen Situationen. Ehrlich gesagt wünsche ich mir oftmals selber etwas davon (Frau Jonitz lächelt etwas verlegen). Nein, es geht mir allein darum, dass ich mich beim lebhaften und lauten Telefonieren nicht konzentrieren kann. Das nervt mich, weil ich gerne in meiner Arbeit vorankommen möchte. Können Sie das nachvollziehen?"*

Herr Kauder ist konsequent darum bemüht, Frau Jonitz seine Sichtweise verständlich zu machen und mit ihr in einem guten Kontakt zu bleiben. Deswegen bedankt er sich zunächst bei ihr, dass sie seiner Kontaktbitte nachgekommen ist. Ein Fehler wäre an dieser Stelle gewesen, wenn er Frau Jonitz dafür gerügt hätte, dass ihre Wiedergabe nicht seinem Geäußerten entspricht. Das passiert leider allzu häufig. Dann sagt einer zum anderen: „Nein, da haben Sie mich falsch verstanden. Das habe ich so nicht gemeint." Solche Rügen und Zurechtweisungen untergraben die vorherigen Bemühungen um einen guten Kontakt sofort wieder. Und bei unserem Gegenüber provozieren sie unweigerlich die konfliktverschärfende Abwehrhaltung.

Herr Kauder bedankt sich nicht nur für die Erfüllung seiner Bitte, sondern er nimmt das nun offenbar werdende Missverständnis sogar noch auf seine Kappe. Das tut er aus strategischen Gründen. Er weiß ja, dass Missverständnisse der Normalfall der Kommunikation sind. Es kann also nicht um ein richtiges oder falsches Verstehen oder gar um die Klärung der Schuldfrage gehen. Diese Tatsache ist jedoch den meisten Menschen nicht bewusst. Deswegen hören sie oftmals eine Schuldzuweisung heraus, sobald ein Missverständnis erwähnt wird. Herr Kauder tritt dem entgegen, indem er so tut, als läge die Verantwortung bei ihm. Andernfalls müsste er jetzt über die kommunikationspsychologischen Grundlagen aufklären, was an dieser Stelle unangebracht wäre. Er möchte seinem Ziel schließlich näherkommen.

Bei der inhaltlichen Korrektur des Missverständnisses war besonders wichtig, dass Herr Kauder klarstellte, dass ihn nicht die Charaktereigenschaft von Frau Jonitz stört. Die könnte und wollte sie sicher nicht ändern. Deswegen soll in einem Konfliktgespräch auch nie die Person als solche kritisiert werden, sondern allenfalls ihr konkretes Verhalten. Denn nur daran lässt sich etwas ändern.

Frau Jonitz: *„Sie meinen also, dass Sie nicht konzentriert arbeiten können, wenn ich mit meiner temperamentvollen Lautstärke telefoniere. Das nervt Sie, weil Sie Ihre Sachen schnell erledigen wollen. Ist das richtig so?"*
Herr Kauder: *„Ja, Frau Jonitz, genau. Und wo Sie das gerade sagen, merke ich, dass es noch um etwas anderes geht. Ich finde es total ungerecht,*

wenn Sie so lange Privatgespräche führen. Die Arbeit, die dann liegen bleibt, senkt doch die Leistungsquote unserer Abteilung. Ich komme mir dann total blöd vor, wenn ich mich so in die Arbeit reinknie."
Frau Jonitz: *„Jetzt machen Sie aber mal halblang. Sie tun ja gerade so, als würden nur Sie hier arbeiten, während ich mir einen faulen Lenz mache und aus reiner Langeweile mit meiner Schwägerin und meinem Bruder telefoniere. Dabei wissen Sie doch ganz genau, dass meine Mutter erst neulich aus dem Krankenhaus entlassen wurde und nun nicht mehr allein zuhause zurechtkommt. Wir machen uns große Sorgen und organisieren die Hilfsdienste, so gut es eben geht. Also, da erwarte ich schon etwas mehr Einfühlungsvermögen und Rücksichtnahme von Ihnen. Im Übrigen kommt meine Arbeit dabei nicht zu kurz. Ich kann gut Gas geben und die Zeit vom Telefonieren schnell wieder hereinholen. Es ist noch lange nicht klar, wer hier mehr arbeitet. Mit Ihrer akribischen Art sind Sie manchmal ganz schön langsam. Das nervt mich auch nicht schlecht."*
Herr Kauder: *„Regen Sie sich nicht gleich so auf, Frau Jonitz. Ich fand das mit den Privatgesprächen eben etwas viel in letzter Zeit. Aber vergessen wir das am besten. So schlimm ist das nun auch wieder nicht. Okay?"*
Frau Jonitz: *„Nein, Herr Kauder, das stinkt mir, wenn Sie mir die allernotwendigsten Hilfsorganisationen für meine kranke Mutter vorwerfen. Andere würden in der Situation gar nicht erst zur Arbeit kommen."*

Verfrühter Lösungsvorschlag von Herrn Kauder

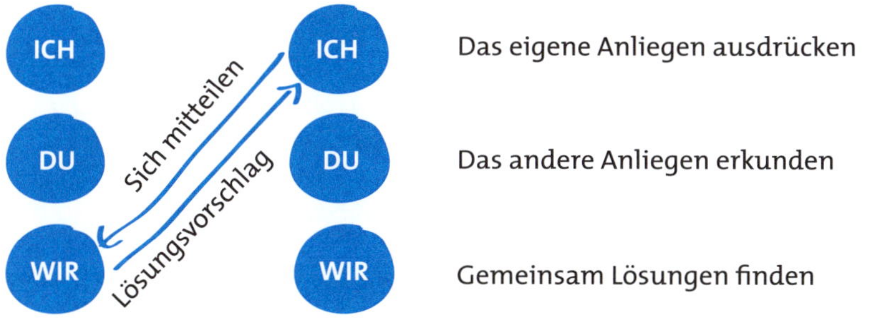

Ohne dass er noch eine Lösung wegen des zu lauten Telefonierens erreicht hat, schnitt Herr Kauder gleich ein weiteres Thema an: Das Führen von Privatgesprächen. Anlass dafür war sein nicht erfülltes Bedürfnis nach Gerechtigkeit. Die Art, wie er das vorbrachte, provozierte Frau Jonitz so sehr, dass sie damit auf den Ich-Stuhl wechselte und deutlich auf die ihrerseits nicht erfüllten Bedürfnisse hinwies. Sie nannte sie sogleich beim Namen: Einfühlung und Rücksichtnahme. Doch Herr Kauder wollte sie nicht hören. Statt auf den jetzt geforderten Du-Stuhl setzte er sich auf den Wir-Stuhl und schlug als Lösung vor, diesen Streitpunkt einfach wieder zu vergessen.

Aus seiner Sicht entscheidet er sich an dieser Stelle für ein Nachgeben, aus Sicht seiner Gesprächspartnerin vermeidet er indessen die nötige Klärung. Denn ihre Bedürfnisse sind noch nicht gehört worden. Mit ihrem „Nein“ lehnt sie seinen Vorschlag ab, ebenfalls auf dem Wir-Stuhl Platz zu nehmen. Sitzt aber nur einer auf einem der beiden Wir-Stühle, kann die Lösung nicht gelingen. Herr Kauder begreift, dass sein Platz jetzt sinnvollerweise nur auf dem Du-Stuhl sein kann. Innerlich ächzt er, weil er doch in seinem Anliegen vorankommen will. Nun begreift er, dass er dieses erst einmal für kurze Zeit „parken“ muss, um zum Zuhörer der Anliegen seiner Kollegin zu werden. Im Buch klingt das mit dem Wechselspiel von Reden und Zuhören im Konfliktgespräch sofort einleuchtend. In der Praxis verlangt es jedoch eine ganze Menge von uns ab. Die investierte Mühe zahlt sich letztlich um ein Vielfaches aus, weil nur so die relevanten Punkte auf den Tisch kommen.

Frau Jonitz im Sendermodus – Herr Kauder im Empfängermodus

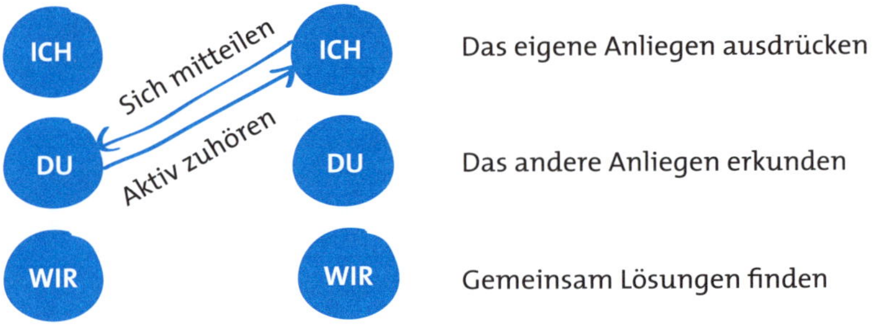

Herr Kauder: *„Sie sind sauer, weil Sie in der Situation Verständnis und Rücksichtnahme brauchen.“*
Frau Jonitz: *„Ja, es ist schon schwer genug, was wir zurzeit an Sorgen haben. Ich weiß ja gar nicht, ob sie überhaupt noch allein zuhause bleiben kann und wie das alles in Zukunft wird. Es ist so traurig, wie plötzlich das alles kam. Dabei war sie doch immer so fit und voller Energie.“*
Herr Kauder: *„Das geht Ihnen alles sehr nah.“*
Frau Jonitz: *„Ja, und auf der anderen Seite bin ich so froh, wie wir in der Familie zusammenhalten und uns in der Betreuung abwechseln. In der momentanen Situation müssen wir uns da eben auch immer wieder miteinander absprechen. Das müssen Sie doch verstehen.“*
Herr Kauder: *„Es tut mir leid, dass ich in der Vergangenheit nicht genug Verständnis aufbrachte. Ich habe erst jetzt bemerkt, wie nah Ihnen das alles geht. Das berührt mich auch sehr. Da war ich wohl wieder zu akribisch bei der Arbeit, um Ihre Sorgen nicht genug wahrzunehmen.“* (beide lachen erleichtert).

Überraschend schnell löst sich der Kritikpunkt der Privatgespräche auf. Nichts anderes war die ursprüngliche Absicht von Herrn Kauder. Mit seiner Vermeidungsstrategie wollte er das Thema jedoch rasch wieder vom Tisch haben, weil ihm die Emotionen von Frau Jonitz unangenehm waren. Die Entscheidung, auf den Du-Stuhl zu wechseln und zum aktiven Zuhörer zu werden, erweist sich dagegen als erfolgreich. Frau Jonitz geht es primär um Verständnis für ihre aktuelle Lage. Als sie mit diesem Bedürfnis gehört wird, beruhigt sie sich wieder. Das Zuhören, das im ersten Schritt etwas widerwillig wie ein taktisches Manöver eingeleitet wird, hilft jedoch nicht nur Frau Jonitz, sondern mindestens ebenso Herrn Kauder. Das Verstehen ermöglicht ihm eine andere Sichtweise, sodass ihm die gegenwärtigen Privatgespräche nicht mehr als Unverschämtheit oder Ungerechtigkeit erscheinen. Indem er zum Schluss zeigt, dass er auch über sich selbst lachen kann, entspannt er die Situation um ein Weiteres.

Frau Jonitz will im Augenblick nichts mehr auf dem Ich-Stuhl los werden. Das ist die Gelegenheit für Herrn Kauder, nochmals auf sein nicht gelöstes Problem mit dem zu lauten Telefonieren zu sprechen zu kommen.

Herr Kauder: *„Ich möchte zum Schluss gerne auf mein ursprüngliches Anliegen zurückkommen und zusammenfassen, was wir dabei bereits klären konnten. Ist das in Ordnung für Sie?"*
Frau Jonitz: *„Ja, natürlich."*
Herr Kauder: *„Ich habe Ihnen mitgeteilt, dass ich in meiner Arbeit nicht vorankomme, wenn Sie mit den Bürgern in einer Lautstärke telefonieren, bei der ich mich nicht mehr konzentrieren kann. Und ich habe von Ihnen gehört, dass Sie Ihrem Temperament, das ich durchaus schätze, gerne freien Lauf lassen wollen. Dieser persönliche Stil komme bei den Bürgern sehr gut an und sei deswegen auch für unsere Arbeit sehr effektiv. Gebe ich das im Großen und Ganzen treffend wieder?"*
Frau Jonitz: *„Ja, so ungefähr. Ich habe aber nicht gesagt, dass ich meinem Temperament ganz und gar freien Lauf lassen möchte. Ich bin ja nicht vollkommen unbeherrscht. So dürfen Sie mich auch nicht hinstellen. Ich will mich nur nicht verbiegen müssen und jeden Satz kontrollieren. Dann wäre ich nicht mehr ich selbst."*
Herr Kauder: *„Da haben Sie Recht. Ich frage mich nun, ob wir unsere jeweiligen Bedürfnisse nicht so unter einen Hut bekommen können, dass wir beide damit zufrieden sind. Was halten Sie davon, wenn wir ein paar Ideen sammeln, wie wir das Problem am besten lösen können?"*
Frau Jonitz: *„Ja, das ist gut. Ich bin einverstanden. Ich habe auch gleich eine Idee."*

Herr Kauder fasst das Ergebnis des bisherigen Gesprächs zusammen. Anschließend findet ein Wechselspiel von Reden und Zuhören statt, das Gelegenheit für Korrekturen gibt. Danach schlägt Herr Kauder vor, gemeinsam auf Lösungssuche zu gehen. Frau Jonitz ist bereit und so nehmen beide auf den Wir-Stühlen Platz.

Lösungen gelingen, wenn sich jeder verstanden fühlt

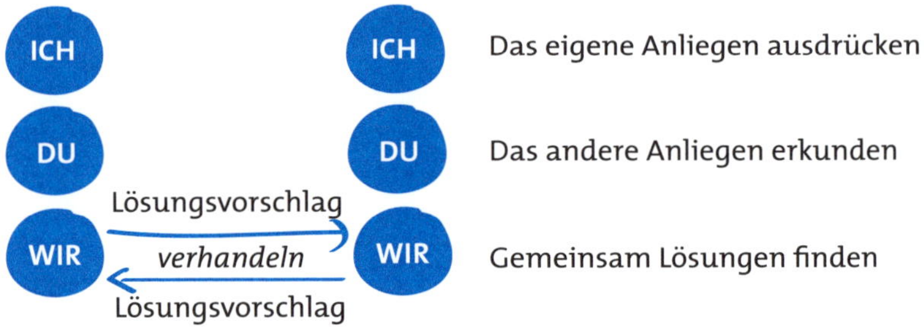

Herr Kauder: *„Wie lautet denn Ihre Idee? Ich bin schon ganz neugierig."*
Frau Jonitz: *„Na ja. Sie trinken doch so gerne Kaffee und holen sich mindestens viermal am Tag einen Becher in der Kaffeeküche. Wie wäre es, wenn Sie sich gerade dann einen holen, sobald ich Ihnen wieder zu laut bin? Denn gehen müssen Sie ja sowieso früher oder später."*
Herr Kauder (zuckt bei diesem Vorschlag etwas zusammen): *„Okay. Ich notiere mir das auf unserem Ideenzettel mal so: ‚Kaffee holen, wenn zu laut'."*
Frau Jonitz: *„Oder was halten Sie davon? Sie geben mir einfach ein Zeichen, wenn ich wieder zu laut bin. Ich selber merke es doch gar nicht. Wie soll ich denn sonst einschätzen, wann es Ihnen zu laut ist? Für mich ist es ja normal."*
Herr Kauder: *„Ich schreibe auf: ‚Zeichen geben, wenn zu laut.' Ich selber hätte vorgeschlagen, dass Sie an zwei Tagen in der Woche laut telefonieren können, sagen wir mal dienstags und donnerstags, und an den übrigen Tagen viel leiser. Ich bin mir aber nun selber nicht mehr sicher, ob das eine gute Idee ist."*
Frau Jonitz (mit Falten auf der Stirn): *„Ach, schreiben Sie es ruhig auf. Wir entscheiden hinterher, was passt und was nicht."*
Herr Kauder: *„Haben Sie noch Ideen? Mir kommen im Moment keine."*
Frau Jonitz: *„Nein. Das ist im Augenblick alles."*
Herr Kauder: *„Dann schlage ich vor, dass wir jetzt danach schauen, welche Ideen unsere Bedürfnisse am meisten erfüllen. Sie wollen authentisch sein und Ihr Temperament leben. Sie legten Wert darauf, dass das nicht heißt, dem Temperament vollkommen freien Lauf zu lassen. Und mir lag am Herzen, konzentriert arbeiten zu können. Wie sich mein Konzentrationsbedürfnis erfüllen ließe, wenn ich bei jedem Telefonat in die Kaffeeküche ginge, kann ich im Moment nicht erkennen."*

Frau Jonitz: *„Ja, das war auch nur so eine Idee. Ich will Sie schließlich nicht zu 10 bis 15 Becher Kaffee am Tag verleiten. Mit geht es übrigens ähnlich mit Ihrem Vorschlag, nur an bestimmten Tagen laut telefonieren zu dürfen, was immer auch ‚laut' heißen mag. Da könnte ich an diesen Tagen nicht mehr authentisch sein und müsste mich verstellen. Das kann und will ich nicht."*
Herr Kauder: *„Mir hat Ihr Vorschlag sehr gefallen, dass ich Ihnen ein Zeichen geben kann, wenn Sie für meine Begriffe zu laut sind. Mir ist dabei zum ersten Mal ein Licht aufgegangen. Sie sagten eben, dass Sie es ja gar nicht einschätzen können, warum es mir zu laut ist, weil es sich für Sie normal anhört. Na klar, das ist die Lösung. Sie brauchen erst ein Zeichen von mir, um zu wissen, ob es mir zu laut ist. Und anders als bisher kein Zeichen des Genervtseins."*
Frau Jonitz: *„Stimmt. Denn wenn Sie mich so giftig und von oben herab anschauen, dann telefoniere ich noch lauter. Wie aus Trotz. Ich lasse mir eben nicht gerne etwas vorschreiben."*
Herr Kauder: *„Wie könnte also ein Zeichen aussehen, das Sie gut akzeptieren können?"*
Frau Jonitz: *„Ich habe eine Idee. Auf Ihrem Schreibtisch stehen doch diese drei kleinen Fahnen von Hannover, Niedersachsen und Deutschland. Wir können es ja so machen: Wenn ich mit meiner Lautstärke an Ihre Schmerzgrenze komme, wedeln Sie mit der Niedersachsen-Fahne. Wenn ich Sie deutlich überschritten habe, benutzen Sie die Deutschland-Fahne. Und wenn alles okay ist, dann dürfen Sie auch mal Hannover bewegen. Dann weiß ich unmittelbar, was los ist und kann versuchen, den richtigen Ton für Sie zu treffen. Wäre das was?"*
Herr Kauder: *„Ja, das ist zwar etwas ungewöhnlich. Ich bin jedoch gerne bereit, das mal auszuprobieren. Vielleicht bringt es uns ja wirklich weiter. Also, machen wir doch gleich Nägel mit Köpfen. In der kommenden Woche starten wir eine Testphase nach Ihrem Vorschlag und überprüfen am Freitagnachmittag, ob das für uns beide ein zufrieden stellendes Ergebnis bringt. Falls nicht, suchen wir nach einer anderen Lösung. Einverstanden?"*
Frau Jonitz: *„Ja. Wird so gemacht."*
Herr Kauder: *„Ich muss Ihnen ehrlich sagen, da ist mir ein Stein vom Herzen gefallen. Ich bin so erleichtert, dass wir das Gespräch so gut hingekriegt haben. Haben Sie vielen Dank dafür."*
Frau Jonitz: *„Ich fand es erst ja etwas komisch, wie gestelzt Sie manchmal sprachen und wie formal Sie das haben wollten. Nun bin ich aber auch froh darüber, was dabei herauskam. Bisher ging es nur über Sticheleien. Das vergiftet das Klima auf Dauer ganz schön. Ich bin gespannt, wie das nächste Woche wird. Üben Sie schon mal am Wochenende das Fahnenschwingen."* (beide lachen).

Auf den Wir-Stühlen suchen die beiden nach Lösungen. Alle Ideen, die aufkommen, werden aufgeschrieben. Bewertet werden Sie erst anschließend. Dass sich während der Sammlung intern trotzdem Urteile bilden, wie sich an der Körpersprache der beiden ablesen lässt, ist unvermeidbar. Wichtig ist nur, dass sie den kreativen Vorgang der Ideenfindung nicht bremsen. Als Bewertungskriterium dient ihnen die Realisierungsmöglichkeit der zu Grunde liegenden Bedürfnisse. Den Abschluss bildet eine konkrete Vereinbarung darüber, das Zeichen zu setzen. Am Ende der kommenden Woche soll dann überprüft werden, welchen Effekt die Maßnahme erzielte.

Zu guter Letzt halten die beiden noch eine Rückschau auf ihr Gespräch. Beide sind froh, dass sie es geführt haben. Das macht sie auch für die Zukunft zuversichtlich, anstehende Probleme in gegenseitiger Wertschätzung zu lösen.

Bei der Darstellung des Konfliktgesprächs haben wir besonders großes Augenmerk darauf gelegt, wie die Konfliktparteien es schaffen, miteinander in einem konstruktiven Dialog zu bleiben. Denn sobald der Kontakt zueinander abreißt, ist die Kommunikation erst einmal unterbrochen. Weiter reden hat dann keinen Sinn mehr, auch wenn das im Alltag ständig so geschieht. Mit Lösungen ist erst wieder zu rechnen, wenn es den Gesprächspartnern gelingt, sich erneut aufeinander einzustimmen. Das Sechs-Stühle-Modell diente uns als analytisches Instrument, um die Bruchstellen und gelingenden Übergänge des Gesprächs prägnant zu markieren.

Darüber hinaus wurde sichtbar, dass neben diesem verständigungsorientiertem Bemühen noch ein weiteres Moment zum Ziel geführt hat. Nämlich eine ganz bestimmte Ablaufstruktur des Gesprächs. Bei allem Hin und Her braucht es natürlich einen Wegweiser durch das Dickicht, der klarmacht, wohin die Reise gehen soll. Auch das Gespräch zwischen Frau Jonitz und Herrn Kauder folgte solch einem Fahrplan. Wir machen ihn erst an dieser Stelle explizit deutlich, weil wir ganz bewusst der Illusion entgegen arbeiten wollen, dass bereits eine einfache Checkliste zum Erreichen des Ziels führt. Sie ist vielmehr eingebunden in ein breiteres Verständnis der Kommunikation.

Die beiden nachfolgenden Werkzeuge helfen Ihnen bei der Vorbereitung und Durchführung von Konfliktgesprächen. Die Checkliste dient der Vorbereitung und ist in acht verschiedene Themenkomplexe unterteilt. Die Ablaufstruktur gibt einen idealtypischen Verlauf eines Konfliktgesprächs wieder. Das heißt, dass es in der Praxis durchaus so sein kann, dass die Stadien nicht geradlinig durchlaufen werden, sondern dass es bei den ganz selbstverständlichen Abbrüchen auch immer wieder zu einem Zurückrudern auf vorherige Stadien kommt.

Werkzeug 16: Checkliste zur Vorbereitung auf ein Konfliktgespräch

1. Den Konflikt benennen:
- Worum ging es konkret? (Thema des Konflikts)
- Woran wurde der Konflikt deutlich? (Situationsbeschreibung, Chronologie)
- Wer war dabei? (direkte und indirekte Konfliktparteien, Zeugen)
- Hatte die Sache bereits eine Vorgeschichte? (Rahmenbedingungen)
- Wie haben Sie sich konkret verhalten? (was gesagt, getan, welche Position vertreten)
- Wie hat die andere Seite sich konkret verhalten? (was gesagt, getan, welche Position vertreten)
- Wurden geltende Regeln gebrochen? (aus Ihrer Sicht)
- Wer oder was hätte den Konflikt verhindern können oder müssen? (Verantwortungsfrage)

2. Den jeweiligen Anteil erkennen und benennen:
- Was hat die andere Seite zu dem Konflikt beigetragen?
- Was haben Sie dazu beigetragen, dass es zum Konflikt kam?

3. Differenzierung zwischen Position und Bedürfnis
- Welche Bedürfnisse vertreten Sie mit Ihrer Position? (Was möchten Sie eigentlich mit Ihrer Position erreichen?)
- Welche Bedürfnisse stehen hinter der Position der anderen Person? (Was möchte sie eigentlich mit ihrer Position erreichen?)

4. Lösungsorientierung
- Woran würden Sie erkennen, dass der Konflikt gelöst wäre? (z.B. wenn über Nacht ein Wunder geschähe)

5. Ressourcenerkennung bei sich selbst
- Über welche Ressourcen zur Konfliktbewältigung verfügen Sie?
- Welche Ressourcen würden Sie sich darüber hinaus wünschen, um den Konflikt besser bewältigen zu können?

6. Ressourcenerkennung beim Gegenüber
- Über welche Ressourcen verfügt die andere Person, um den Konflikt zu bewältigen?
- Welche Fähigkeiten würden Sie dem Gegenüber wünschen, damit sich der Konflikt löst?

7. Lösungsweg
- Welchen Lösungsweg würden Sie dem Gegenüber vorschlagen? (Lösungsschritte, Termine, konkrete Modalitäten)

Werkzeug 17: Ablaufstruktur eines Konfliktgesprächs

Vorbereitung des Gesprächs entsprechend Werkzeug Nr. 16

1. Gesprächseröffnung
- → Bei der Begrüßung eine konstruktive Gesprächsatmosphäre schaffen
- → Störquellen (mögliche Unterbrechungen etc.) ausschalten
- → Zeitlichen Rahmen für das Gespräch abstecken (wie lang etwa?)
- → Ohne Umschweife auf das Thema zu sprechen kommen
- → Anlass und Ziel des Gesprächs nennen

2. Konfliktdialog
- → Eigene Sichtweise des Konflikts angriffsfrei darstellen
- → Beschränkung auf den wichtigsten Punkt
- → Sicherstellen, dass die andere Partei zuhört
- → Sichtweise der anderen Partei erfragen
- → Aktiv zuhören (kontrollierter Dialog)
- → Im dauernden Wechselspiel von Reden und Zuhören die Bedürfnisse hinter den verfestigten Positionen erfassen
- → Auf übereilte Lösungen verzichten

3. Lösung finden
- → Zusammenfassung des bisherigen Dialogs: Was wurde erreicht?
- → Gemeinsame und nicht übereinstimmende Sichtweisen festhalten
- → Brainstorming zu Lösungsideen
- → Ideen am Kriterium der Bedürfniserfüllung bewerten und auswählen
- → Konkrete Maßnahmen vereinbaren: Wer macht was bis wann?

4. Abschluss des Gesprächs
- → Ergebnisse zusammenfassen
- → Kontrolltermin zur Überprüfung der Absprache vereinbaren
- → Metakommunikation: Wie sind wir miteinander umgegangen?
- → Verabschieden

4 Die Phase der Feindseligkeit

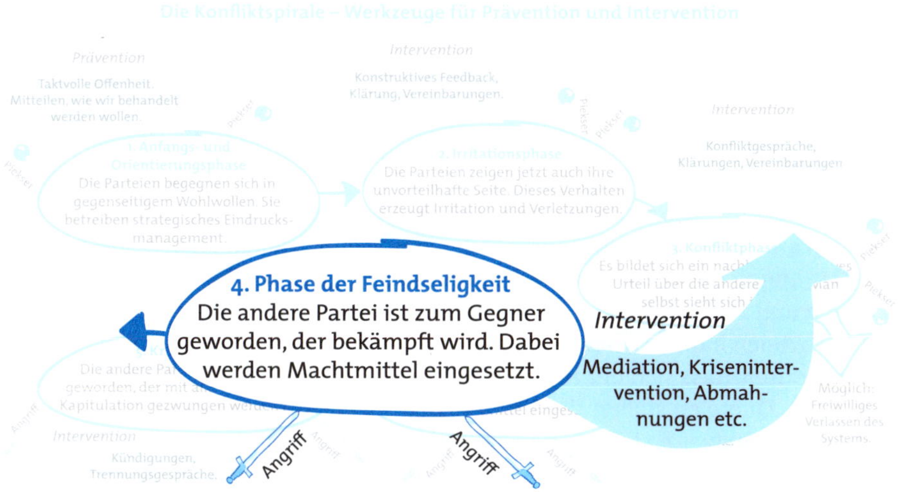

Gelingt es den Parteien nicht, den Konflikt im Gespräch zu lösen, werden sie ihre Zusammenarbeit wohl oder übel in einer belasteten und angespannten Weise fortsetzen. In dieser Chronifizierung des Konflikts werden jedoch wertvolle Energieressourcen verschwendet, die für produktive Arbeitsergebnisse wichtig wären. Denn die Betroffenen beginnen nun, sich in ihrem eigenen Zuständigkeitsbereich zu verschanzen. Dabei versuchen sie, auch unter ihren Kollegen schlechte Stimmung gegen die andere Konfliktpartei zu schüren. Der für eine effektive Teamarbeit so wesentliche Gemeinschaftsgeist mit einem hohen gegenseitigen Verpflichtungsgrad nimmt so immer mehr Schaden.

4.1 Offene und verdeckte Feindseligkeit

Die Feindseligkeit zwischen den Parteien kann sich auf ganz unterschiedliche Art ausdrücken. Entweder offen in einem so genannten heißen Konflikt oder verdeckt in einem kalten Konflikt.

Der heiße Konflikt ist nicht zu übersehen und auch nicht zu überhören. Die Umwelt bekommt lautstark mit, wie die Parteien sich gegenseitig ihre Unarten vorwerfen. Eine wechselseitige Rücksichtnahme ist immer weniger an der Tagesordnung. Auf verletzende Angriffe folgen prompt ebenso schonungslose Gegenangriffe. Es kann aber auch sein, dass nur eine Partei ihrem Unmut Luft verschafft, während die andere – zumindest scheinbar – alles an sich abgleiten lässt. Sie stellt sich moralisch über die emotionalen Ausbrüche ihres Gegenübers und vermeidet hitzige Reaktionen. Soweit sich in dieser Haltung Arroganz ausdrückt, bringt es die andere Partei meist noch mehr in Rage. Nun ist ein Machtkampf ausgebrochen, bei dem jeder über den anderen triumphieren will.

Kalte Konflikte dauern länger und richten größeren Schaden an

Viel subtiler äußert sich die gegenseitige Feindseligkeit im kalten Konflikt. Weil er von sehr vielen Führungskräften gar nicht erkannt wird, kann er einen weitaus größeren Schaden anrichten. Der kalte Konflikt schwelt im Verborgenen unterhalb der Oberfläche. Der ungeschulte Beobachter mag nun meinen, der Konflikt sei aus der Welt geschaffen und alles sei wieder gut. Doch weit gefehlt.

Die Parteien haben sich nur resigniert in sich zurückgezogen. Sie haben die Hoffnung verloren, dass sich der Konflikt noch irgendwie lösen lässt. Zermürbt von den bisherigen Querelen stellen sie fest, dass beim anderen sowieso „Hopfen und Malz" verloren sei. Teilweise sind auch Sätze zu hören wie: „Die ist ohnehin gestorben für mich." So gut es eben möglich ist, geht man sich aus dem Weg. Die Kommunikation wird auf das Nötigste reduziert. Sie reicht von einer rein formalen, mitunter sogar überhöflichen Art, bis zu eisigem Schweigen.

Zynismus als Hauptwaffe

Die ungelöste Spannung entlädt sich dennoch immer wieder von Neuem in versteckten und indirekten Angriffen. Ein klassisches Beispiel dafür sind zynische Bemerkungen. Im Zynismus werden allgemeine Wertvorstellungen in herablassender Weise lächerlich gemacht. Überzeugungen, die dem anderen wichtig sind, werden kalt und distanziert dem Spott preisgegeben. Der Angreifer möchte damit sein Gegenüber in dessen Grundhaltung treffen. Dabei zeigt dieses Angriffsmittel dem geschulten Blick doch nur, wie verzweifelt der Angreifer in Wirklichkeit ist. Denn Zynismus ist immer ein Selbstschutz gegen Enttäuschung und Resignation.

In Organisationen, in denen ein auffällig zynischer Ton unter den Kollegen herrscht, sollte dringend nach den zu Grunde liegenden Frustrationen geschaut werden. Denn es handelt sich dabei um deutliche Anzeichen eines vergifteten Betriebsklimas. Unter den Mitarbeitern drohen sich innere Kündigung und Burn-out breitzumachen.

Werkzeug 18:
Checkliste: Anzeichen für einen kalten Konflikt

Die Betroffenen ...

- gehen sich aus dem Weg
- begegnen einander mit eisigem Schweigen

- haben ihre Kommunikation auf das Nötigste reduziert
- machen Dienst nach Vorschrift
- unterhalten sich nur formal miteinander
- haben einen zynischen Unterton
- verhalten sich überangepasst
- zeigen Anzeichen von innerer Kündigung
- unterdrücken jegliche Gefühlsäußerung
- haben die Überzeugung gewonnen, dass sich die Situation nicht verändern lässt
- sind tief enttäuscht und frustriert
- äußern sich desillusioniert
- zeigen autoaggressive Verhaltensweisen
- haben eine hohe Zahl an Fehltagen

Je mehr indirekte und verdeckte Spitzen unter den Konfliktparteien ausgeteilt werden, kann ein kalter Konflikt auch wieder in einen heißen Konflikt umschlagen. Dann wird wieder offen ausgeteilt.

→ DA DEN PARTEIEN MITTLERWEILE DER GLAUBE AN DIE LÖSBARKEIT DES KONFLIKTS ABHANDENGEKOMMEN IST, GEHT ES IHNEN JETZT NUR NOCH UM SIEG ODER NIEDERLAGE IN DER AUSEINANDERSETZUNG. DAS PROBLEM IST AUSSCHLIESSLICH DER ANDERE.

A —> B = Problem
B —> A = Problem

Realitätsferne nimmt zu

Diese Sichtweise wird gefestigt, indem man sich nun Verbündete in dem Konflikt sucht. Unbeteiligten wird ausgiebig erzählt, wie unmöglich sich die andere Person bislang verhalten hat und was man dabei als unschuldiges Opfer nicht schon alles ertragen musste. Findet dieses Schwarz-Weiß-Bild des Öfteren durch Dritte Bestätigung, scheint es ganz offensichtlich ein zutreffendes Bild der Realität abzugeben. Zweifel an der eigenen Unschuld verschwinden irgendwann restlos.

Dazu trägt auch bei, dass diese verzerrte Realitätswahrnehmung sogar die bisherige Geschichte umschreibt. Denn die vergangenen Erlebnisse mit der Konfliktpartei werden nun im Lichte der neu gewonnenen Sichtweise uminterpretiert. Wurde der Kollege bis zum Ausbruch des Konflikts zum Beispiel immer als freundlich und sehr zuvorkommend eingeschätzt, dienen diese Erfahrungen nun als untrüglicher Beweis dafür, dass er schon in der Vergangenheit hinterlistig, schleimend und berechnend war. Die Freundlichkeit war nur der Schein und endlich ist der Kollege enttarnt. Erst jetzt hat er sein wahres Gesicht gezeigt. Ärgerlich ist nur, dass man selbst bislang zu blauäugig war, um das rechtzeitig zu erkennen. Aber als gutgläubiger Mensch hat man einfach nicht mit so viel Schlechtigkeit gerechnet.

Alle Aktivitäten zielen auf eine Win-lose-Situation ab

Das stereotype Bild vom anderen Menschen verfestigt sich mit der Zeit so stark, dass es selbst durch überraschend positive Erfahrungen in der Gegenwart kaum mehr erschüttert werden kann. Ernsthafte Versuche des Aufeinanderzugehens werden äußerst skeptisch beäugt. Die Feindseligkeit ist so weit fortgeschritten, dass dahinter nur mehr eine gemeine Absicht vermutet wird.

Im Kampf um Sieg und Niederlage (win-lose) ist der Konflikt sichtbar in ein neues Stadium eingetreten. Jeder versucht, die Kontrolle über die Situation zu gewinnen, indem er dem anderen die Bedingungen des weiteren Handelns diktieren möchte. Die Parteien hoffen, den Konflikt dadurch zu ihren Gunsten entscheiden zu können. Wenn man nämlich den anderen erfolgreich in die Knie zwingt, müsste man endlich zu seinem verdienten Recht kommen und die Sache wäre damit vom Tisch. So die Hoffnung.

Die Blockade: Selbsterhöhung und Fremderniedrigung

Doch tatsächlich verringert sich der Gestaltungsspielraum der Parteien genau in dem Moment, in dem sie durch Einschüchterungsversuche einseitig die Kontrolle über die Situation ausüben wollen. Diese Maßnahmen provozieren nur die Gegenwehr der anderen Partei und verschärfen damit ungewollt die gegenseitige Abhängigkeit in destruktiver Weise.

Im Streben nach Dominanz werden vielfältige Methoden der Machtausübung eingesetzt. Dazu gehören Gesten der Selbsterhöhung und der Fremderniedrigung. Sie äußern sich überwiegend körpersprachlich. Ihr Ziel ist, sich selbst durch aggressives Gebaren stärker in Szene zu setzen und den anderen dabei in seiner Position einzuschüchtern und zu verunsichern.

Werkzeug 19:
Checkliste: Dominanzgesten

Der Aggressor ...

- verletzt fremdes Territorium (macht sich z.B. eigenmächtig am Schreibtisch oder in den Unterlagen anderer zu schaffen)
- hält den üblichen Körperabstand nicht ein (rückt einem auf die Pelle)
- gibt sich ungezwungen und flegelhaft

- lässt andere auf sich warten
- betritt den Raum ohne anzuklopfen
- stellt in seinen Aussagen unumstößliche Wahrheiten auf
- unterbricht andere mitten im Redefluss
- fixiert andere mit dem Blick, wenn er selber spricht
- schaut andere nicht an, wenn diese sprechen
- beschäftigt sich mit anderem während deren Redebeiträge
- gibt im Gespräch keine Zustimmungsgesten wie Nicken oder Lächeln
- gibt sich undurchsichtig wie ein Pokerface
- verdreht die Augen oder schüttelt den Kopf, wenn andere reden
- spricht zynisch und abfällig
- grinst mit einem höhnischen Lächeln
- zeigt wegwerfende Handbewegungen
- mustert andere mit einem durchbohrenden Blick
- wertet andere Aussagen als Blödsinn ab
- zeigt die geballte Faust
- bewegt energisch den Zeigefinger vor der Nase des anderen
- spricht sehr laut

→ Übung

Machen Sie sich bewusst, zu welchen Dominanzgesten Sie selbst im Konfliktfall neigen, wenn Sie die Kontrolle über eine Situation auf jeden Fall behalten wollen. Achten Sie in der kommenden Zeit besonders darauf, wie Sie damit das Konfliktgeschehen weiter in die Eskalation treiben. Beobachten Sie in Ihrem Umfeld, wer wiederholt zu welchen Dominanzgesten neigt und weisen Sie ihn angriffsfrei darauf hin.

Eskalation – ohne fremde Hilfe ist keine Lösung mehr möglich

Der Konflikt ist mittlerweile so weit eskaliert, dass die Parteien es nicht mehr aus eigener Kraft schaffen, ihn für beide Seiten zufrieden stellend zu lösen. Denn sie reden inzwischen weniger *mit*einander als *über*einander. Ihr Glaube an eine konstruktive Lösung ist weitgehend erloschen. Zudem verschärfen ihre einseitigen Lösungsversuche im Kampf um Sieg und Niederlage die Lage nur immer weiter. Wirkungsvolle Hilfe kann in diesem Stadium nur noch von außen kommen. Es braucht eine neutrale dritte Person, die im Konflikt zwischen den Parteien vermittelt.

4.2 Mediation – eine strukturierte Lösungshilfe

Das Vermitteln im Konflikt verlangt ein fundiertes Wissen um diese Tätigkeit und sollte nicht einfach naiv mit einem bloß guten Willen angegangen werden. Mit der Mediation ist ein Modell entwickelt worden, das einen strukturierten Ablauf der Vermittlung in mehreren Schritten nachvollziehbar erklärt. Es gehört zum festen Handwerkszeug eines jeden professionellen Mediators. Da es im Berufsleben jedoch viele Situationen gibt, in denen die Voraussetzungen dieses Modells nicht gegeben sind, wollen wir es hier zunächst als einen allgemeinen Rahmen für das erfolgreiche Vermitteln in Konflikten behandeln. Im Anschluss daran erörtern wir anhand typischer Konstellationen des Berufslebens, wie sich die Grundgedanken der Mediation auch in diesen Situationen umsetzen lassen. Es geht uns dabei insbesondere um die Frage, inwieweit nicht nur externe Mediatoren mit ihrer professionellen Neutralität geeignet sind, in Konflikten klärend einzugreifen.

Definition:

➜ MEDIATION IST EIN STRUKTURIERTES VERFAHREN, IN DEM DIE KONFLIKTPARTEIEN UNTER DER LEITUNG EINES NEUTRALEN DRITTEN BEIM AUFFINDEN EINER SELBSTBESTIMMTEN LÖSUNG UNTERSTÜTZT WERDEN.

Ein zentrales Merkmal der Mediation ist, dass die Parteien selbstbestimmt entscheiden, wie sie ihren Konflikt lösen wollen. Damit unterscheidet sich die Mediation deutlich vom Schlichtungsverfahren und von der einseitigen Entscheidung eines Vorgesetzten. Denn ein Schlichter erarbeitet aufgrund der vorgetragenen Sichtweisen der Parteien einen eigenen Lösungsvorschlag. Je nach vorheriger Absprache ist dieser für die Beteiligten verbindlich oder nur als Empfehlung gedacht. Anders als bei der autoritativen Entscheidung hängt die Verbindlichkeit des Schlichterspruchs also von der Zustimmung der Parteien ab.

Die Lösungsverantwortung bleibt bei den Beteiligten

Im Falle der Mediation geht man davon aus, dass die Konfliktparteien die besten Experten für eine nachhaltige Lösung sind. Denn niemand sonst kennt so gut ihre Gefühle und Bedürfnisse, die schließlich den eingetretenen Konflikt erst entstehen ließen. Anordnungen von oben lösen den Konflikt in der Regel nur scheinbar, wenn die Parteien weiterhin zusammenarbeiten müssen. Die ungeklärte Beziehungsstörung entzündet sich dann mit großer Wahrscheinlichkeit an anderer Stelle. Gründe für solch eine Konfliktverschiebung werden für die Umwelt mit der Zeit immer unverständlicher. Deswegen setzt die Mediation gleich darauf, die inhaltliche Entscheidungskompetenz bei den Konfliktparteien zu lassen. Die vermittelnde Person ist nur für den Verfahrensablauf zuständig, nicht jedoch für das Lösungsergebnis.

Es liegt auf der Hand, dass in der hierarchisch strukturierten Arbeitswelt Abstriche von diesem Prinzip gemacht werden müssen. Denn hier können nur Lösungen akzeptiert werden, die in die Entscheidungskompetenz der Parteien fallen. So können zwei Kollegen natürlich nicht verbindlich beschließen, dass die Geschäftsleitung zu ihrer Entlastung eine weitere Kollegin einstellen soll.

4.2.1 Freiwilligkeit – Vertraulichkeit – Allparteilichkeit

Zum selbstbestimmten Vorgehen gehört auch, dass die Parteien freiwillig an einer Mediation teilnehmen. Zumindest ohne ihre Zustimmung darf sie nicht in die Wege geleitet werden.

Damit die Parteien sich auf die Vermittlung einlassen können, braucht es zudem die verbindliche Zusage des Mediators, dass ihre im Verlauf der Klärung getroffenen Aussagen vertraulich behandelt werden. Es muss absolut klar sein, dass sie ihre Offenheit nicht mit unangenehmen Konsequenzen zu begleichen haben.

Unabdingbar ist auch die Voraussetzung, dass der Mediator neutral und allparteilich handelt. Neutralität ist nur dann gewahrt, wenn der Mediator kein eigenes Interesse am Ausgang des Konflikts hat. Bereits aus diesem Grund scheiden Vorgesetzte in vielen Fällen als Mediator für ihre Mitarbeiter aus. Geeigneter sind dann unbeteiligte Kollegen aus der Personalabteilung oder sonstige Kollegen mit Mediationskompetenz, die zu den Betroffenen in keinem hierarchischen Verhältnis stehen. Das Gebot der Allparteilichkeit verlangt, dass sich der Mediator für beide Seiten gleichermaßen um ein Verstehen bemüht. Sobald er parteiisch auftritt, verschärft er den Konflikt auf eine gefährliche Weise. Denn die benachteiligte Partei sieht sich nun einer verschworenen Front gegenüber und denkt nur noch an Sieg und Niederlage.

Wie läuft eine Mediation nun konkret ab? Sie durchläuft ganz bestimmte, klar strukturierte Phasen. Die Hauptaufgabe des Mediators ist dabei, die Konfliktparteien wieder in einen fruchtbaren Dialog miteinander zu bringen. Damit das nach den bisherigen Vorfällen überhaupt wieder möglich wird, braucht es klare Regeln und eine entschiedene Gesprächsführung.

4.2.2 Der Ablauf einer Mediation

Phase 1: Einen sicheren Gesprächsrahmen schaffen

Wenn die Parteien zum ersten Gespräch mit dem Mediator zusammentreffen, hat dieser primär dafür zu sorgen, dass er das Vertrauen der Beteiligten für den folgenden Klärungsprozess gewinnt. Nach einer freundlichen Begrüßung und Ermutigung zu ihrem Vorhaben sorgt er deswegen für die nötige Transparenz des geplanten Verfahrens.

Er erklärt, wie er zu dem Vermittlungsauftrag gekommen ist und wie er seine Rolle versteht. Oft ist es so, dass ein Vorgesetzter nach Rücksprache mit den Parteien einen

Mediator beauftragt hat oder eine der Parteien direkt auf den Mediator zugegangen ist. Dann ist es wichtig, dass die bisher noch nicht kontaktierte Partei genau erfährt, was im Vorfeld des Treffens schon alles stattgefunden hat. Ansonsten wird sie befürchten, dass der Mediator schon vorweg Partei für andere bezogen hat.

Danach werden die Parteien über die Grundgedanken und den Ablauf einer Mediation informiert, damit sie wissen, auf was sie sich im Folgenden einlassen.

Prinzipien der Mediation:

- Freiwilligkeit der Teilnahme
- Selbstbestimmung der Parteien
- Vertraulichkeit wahren
- Neutralität des Mediators
- Allparteilichkeit des Mediators
- ausschließlich Prozessverantwortung des Mediators

Zum Ende dieser Phase vereinbart der Mediator noch die verbindlichen Gesprächsregeln mit den Parteien. Er verlangt von ihnen, dass sie sich in ihren Ausführungen gegenseitig zuhören und dem anderen nicht ins Wort fallen. Zum Tabu werden auch verletzende Beleidigungen erklärt. Falls gegen diese Regeln verstoßen wird, greift der Mediator umgehend zu seinen Interventionsmöglichkeiten als Gesprächsleiter. Er stoppt die Parteien bei diesen Regelverletzungen und sorgt damit weiterhin für den geschützten Rahmen, für den er verantwortlich zeichnet. Erst wenn die Beteiligten diesen Regeln zugestimmt haben, ist die Eröffnungsphase der Mediation abgeschlossen.

Dieser sichere Rahmen, der durch Transparenz und klare Vereinbarungen geschaffen wird, ist für alles Weitere unverzichtbar. Nehmen wir nur ein Beispiel: Sobald der Mediator später eine Partei in ihren beleidigenden Ausführungen stoppt, setzt er sich nicht so leicht dem Verdacht der Parteilichkeit zu Gunsten der anderen Seite aus. Vielmehr kann er sich direkt auf die gemeinsam getroffenen Absprachen berufen und zeigen, dass er nur von seiner allseits akzeptierten Rolle als Vermittler Gebrauch macht.

Phase 2: Erfassen des aktuellen Konflikts

Nun haben beide Parteien die Gelegenheit, ihre Sichtweise des Konflikts zu schildern. Das geschieht jedoch nicht in der Weise, wie sie es bisher getan haben. Da hielten sie sich ihre verhärteten Sichtweisen unerbittlich entgegen und keiner hörte dem anderen noch zu. Deswegen findet die Kommunikation in dieser Phase nur zwischen dem Mediator und den jeweiligen Parteien statt.

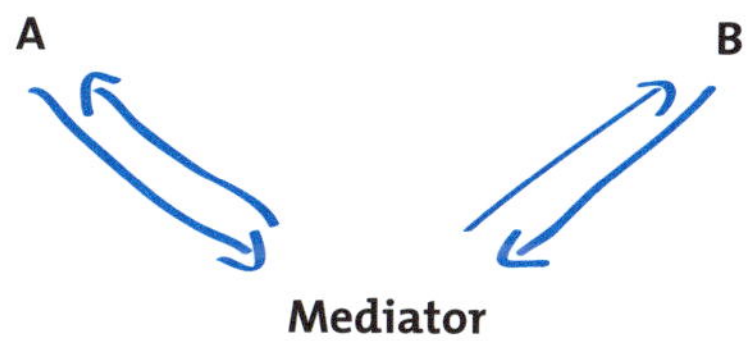

Der Mediator bittet zunächst eine Person, ihm ihre Sichtweise des Konflikts vorzutragen. Das ist meist die Person, die um die Vermittlung gebeten hat oder die, die im Augenblick emotional am meisten unter Druck steht und deswegen ein unmittelbares Redebedürfnis hat. Während diese Partei spricht, hören der Mediator und die andere Partei zu. Falls diese ihr wieder ins Wort fallen will, stoppt sie der neutrale Dritte umgehend und verweist darauf, dass auch sie bald die Gelegenheit erhält, sich zu dem Konfliktgeschehen zu äußern. Durch aktives Zuhören versucht der Moderator die schildernde Partei möglichst genau zu verstehen. Er stellt Rückfragen und fasst das Gehörte in den wesentlichen Punkten zusammen. Es ist hier von entscheidender Bedeutung, dass der Mediator das Vorgetragene nicht bewertet und zensiert, sondern als eine persönliche Sichtweise respektiert. Dort, wo in der Schilderung zu heftige Beleidigungen gegen die andere Partei vorgetragen werden, kann der Mediator diese Vorwürfe in seiner Zusammenfassung in eine angriffsfreie Sprache übersetzen, ohne ihr dabei die Emotionalität zu nehmen.

Die Verschiebung der Kommunikationsrichtung auf den Dritten in Gegenwart der anderen Konfliktpartei hat meist einen sehr entscheidenden Effekt. Nach längerer Zeit machen die Parteien wieder die positive Erfahrung, dass sie verstanden werden und sogar die gegnerische Partei ihnen wieder zuhört. Das schafft eine erste Entlastung und steigert die Bereitschaft, nun auch der anderen Seite wieder zuzuhören.

Der Mediator wird darauf hinwirken, dass die zweite Person nicht mit einer Erwiderung auf die Sichtweise der ersten Partei startet, weil sonst indirekt die bisherige Auseinandersetzung wieder entfacht wird. Dann wird erneut einer auf den anderen mit den bekannten Schuldzuweisungen reagieren. Stattdessen bittet er die zweite Person ausdrücklich, nun ihre eigene Sichtweise des Konfliktverlaufs zu erzählen. Auch diese fasst er entsprechend zusammen.

Nach diesen Darstellungen ist deutlich geworden, welche Konfliktfelder die Parteien belasten. Der Mediator hat im Verlauf der Berichte die verschiedenen Aspekte schriftlich gesammelt, vorzugsweise am Flipchart. Nun steht allen vor Augen, welche Themen zu behandeln sind. Gemeinsam wird entschieden, mit welchem Thema in die nun folgende Konfliktklärung eingestiegen werden soll.

Phase 3: Der vertiefte Konfliktdialog

Nachdem die jeweiligen Sichtweisen vorgetragen wurden, beginnt nun die Vermittlertätigkeit im eigentlichen Sinn. Der Mediator hat auf vorsichtige Weise einen Dialog zwischen den Konfliktparteien in Gang zu setzen. Dabei besteht seine Aufgabe vordringlich darin, den Blick wieder auf den Kern des Konflikts zurückzuführen, die unerfüllten Bedürfnisse. Damit das gelingt, dient er den Parteien in der jetzt wieder einsetzenden Auseinandersetzung als Dolmetscher. Gerade zu Beginn läuft die Kommunikation zwischen den Parteien fast ausschließlich über ihn.

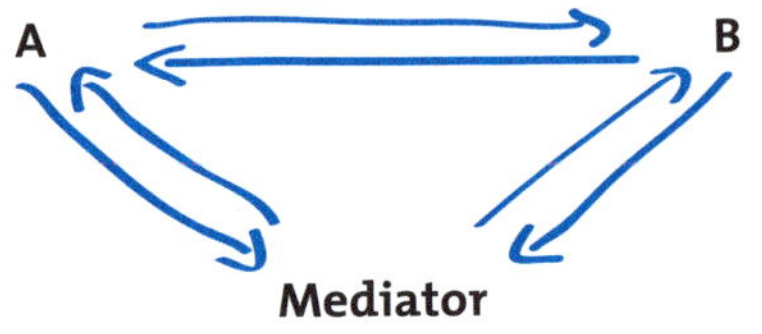

Für seine Tätigkeit als Dolmetscher und Brückenbauer bedient er sich der Methode des Doppelns. Sie ist das wichtigste Handwerkszeug in dieser Phase. Sobald Partei A zu Partei B mit Vorwürfen und Anschuldigungen spricht, kann der Vermittler unterbrechen und ihr mit den folgenden Worten einen Vorschlag unterbreiten: „Ich möchte gerne einmal etwas ausprobieren. Darf ich an Ihren Platz kommen und für Sie zu B sprechen? Sie sagen mir dann, ob das so stimmt. Ist das in Ordnung für Sie?"

Wenn A diesem Vorschlag zustimmt, stellt sich der Mediator hinter A oder geht neben ihm in die Hocke und dolmetscht nun dessen Aussage in angriffsfreie Worte. Dieses Vorgehen erlaubt ihm, als Fürsprecher von A die tieferen Beweggründe anzusprechen und so zugleich die aufgebauten Schutzwälle vor den primären Gefühlen langsam abzubauen. Der Vermittler übernimmt hier also eine Aufgabe für jeden seiner Mandanten, die sie im Rahmen des gelingenden Konfliktsgesprächs noch selber ausführen konnten. Das Vorarbeiten zu den enttäuschten Bedürfnissen und den damit verbundenen Gefühlen ist also nichts Neues. Neu ist hier nur, dass dieser Übersetzungsvorgang von einem neutralen Dritten übernommen wird.

Beispiel:

A äußert gegenüber B: „Es macht mich rasend, wenn Sie hier alles so auf die leichte Schulter nehmen. Sobald Sie kritisiert werden oder sonst etwas Ernstes zu klären ist, reagieren Sie mit einer wegwerfenden Handbewegung und sagen: ‚Was solls'?' Das ist doch einfach kindisch und lächerlich. Wie soll ich Sie denn so überhaupt ernst nehmen? Wir sind hier doch nicht im Kindergarten."

Würde B nach diesen Angriffen direkt reagieren, käme es bestimmt zu einer Verteidigung oder zu Gegenangriffen. Deswegen tritt sofort der Vermittler auf den Plan und fragt, ob er das eben Gesagte nochmals an Stelle von A vortragen darf. Nach dessen Zustimmung doppelt er folgendermaßen: „Mir ist wichtig, auch in ernsten Angelegenheiten gehört zu werden. Wenn Sie zum Beispiel bei einer Kritik von mir mit einer wegwerfenden Handbewegung, ‚Was soll's?' sagen, dann ärgert mich das sehr, weil ich gerne ernst genommen werden möchte."

Der Mediator vergewissert sich bei A, ob er ihn richtig wiedergegeben hat. Nachdem dieser der angriffsfreien Übersetzung zugestimmt hat, fragt der Vermittler nun B, was er soeben verstanden hat. Langsam wird so ein fruchtbarer Konfliktdialog in Bewegung gebracht.

Das Doppeln unterstützt die Parteien sowohl in ihrer Selbstklärung als auch im Verstehen der jeweils anderen Partei. Indem der Mediator die Motive und Bedürfnisse anspricht, die hinter den unerbittlich vorgetragenen Positionen liegen, verbindet er die Einzelnen wieder mit ihrem ursprünglichen Anliegen. Nur so kann die später folgende Lösungssuche erfolgreich sein. Gleichzeitig erleichtert er der Gegenpartei das Verstehen, weil sich auf der tieferen Ebene der Bedürfnisse leichter ein verbindendes Mitgefühl einstellen kann.

Das Ziel der dritten Phase ist, dass die Parteien endlich wieder den Eindruck gewinnen, gehört und verstanden zu werden. Erst wenn jeder seine eigenen Bedürfnisse und die des anderen erfasst hat, ist der Blick auf das eigentliche Problem wieder frei. Dann können sich die Parteien endlich von der Vorstellung lösen, dass der andere das Problem ist. Sie erkennen jetzt, dass sie ein gemeinsames Problem haben, das sie auch nur gemeinsam lösen können.

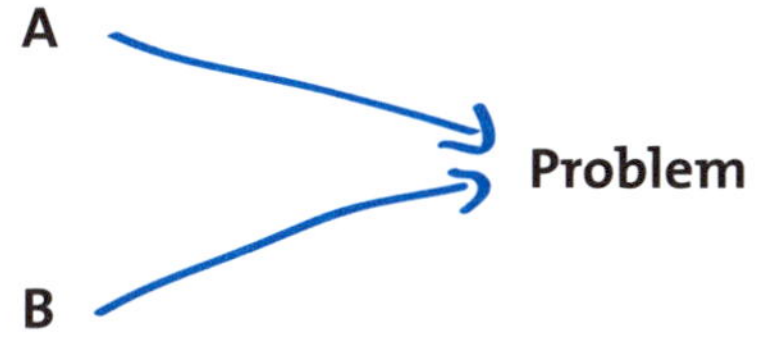

Wie wir im vorherigen Kapitel gesehen haben, ist der Weg zum gegenseitigen Verstehen oft sehr mühsam. Das macht viele Parteien ungeduldig und versucht, diesen Weg abzukürzen. Ohne das Problem ganz erfasst zu haben, drängen sie auf schnelle Lösungen. Hier ist der Moderator gefragt, dem Druck der Parteien nach einer voreiligen Lösung zu widerstehen. Sein Können erweist sich an dieser Stelle ganz besonders in der Fähigkeit, eine vorübergehende Lösungslosigkeit auszuhalten, solange das Problem noch nicht in seinem Kern begriffen ist. Unbewussten Täuschungs- und Ablenkungsmanövern der Parteien hat er standhaft zu begegnen.

Phase 4: Lösungsvorschläge sammeln

Wenn die Parteien die Motive der jeweils anderen Seite verstanden haben, tritt eine wohltuende Entspannung ein. Sie haben erkannt, dass sie ihre Interessen nicht mit

Hauen und Stechen gegeneinander durchsetzen müssen. Vielmehr ist mittlerweile gefragt, gemeinsame Wege für die offen gelegten Bedürfnisse zu finden.

Der Mediator lädt die Parteien jetzt zu einer kreativen Runde ein. Mit den Methoden des Brainstorming machen sie sich auf die Suche nach Lösungen, die die genannten Bedürfnisse am besten erfüllen. In dieser Phase werden die Vorschläge nicht bewertet, sondern nur auf dem Flipchart oder auf Moderationskärtchen gesammelt. Der Verzicht auf eine Bewertung der Vorschläge regt die Kreativität erfahrungsgemäß am meisten an, weil sie sich nur in einem angstfreien und offenen Klima entwickeln kann. Die Parteien machen in dieser Phase die positive Erfahrung, dass sie an einem gemeinsamen Ziel arbeiten. Da sich der Mediator mit eigenen Lösungsvorschlägen zurückhält (er stellt vorwiegend nur unterstützende Fragen), verstärkt er weiter die direkte Kommunikation zwischen den Parteien.

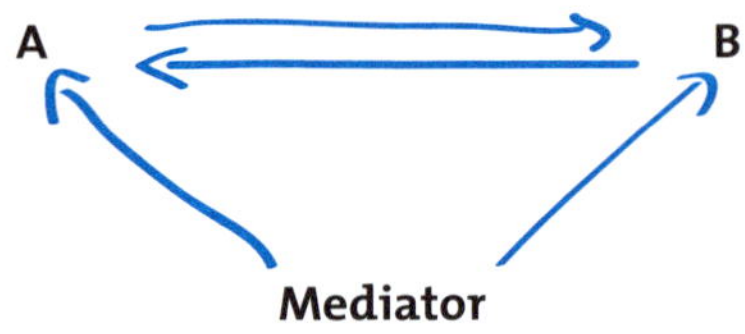

Phase 5: Lösungsvorschläge prüfen und Vereinbarungen treffen

Die gesammelten Vorschläge werden nun einer gemeinsamen Prüfung unterzogen. Es wird Punkt für Punkt durchgegangen, welche Ideen die infrage stehenden Bedürfnisse am besten erfüllen. Wir haben bereits im Konfliktgespräch von Kapitel 3 erlebt, wie das funktioniert.

Die Aufgabe des Mediators besteht hier vordringlich darin, auf eine kluge Verhandlungsführung zu achten. Sobald er feststellt, dass die Parteien dabei sind, unrealistische Vereinbarungen zu treffen, interveniert er sofort und holt sie wieder von ihrer optimistischen „Wolke 7" herunter. In dieser Phase spielt er den „Advocatus diaboli". Die getroffene Vereinbarung soll möglichst konkret formuliert sein, sodass zum entsprechenden Zeitpunkt gut überprüfbar ist, ob beide Seiten auch wirklich ihren Beitrag zum Gelingen geleistet haben. Damit das Ziel erreicht werden kann, muss klar vereinbart werden, wer, was, wann, wo, wie und mit wem durchführt.

Dieses Ergebnis wird am Ende schriftlich festgehalten und von den Beteiligten unterschrieben. Eventuell wird noch ein Termin für ein Nachgespräch vereinbart, an dem überprüft wird, ob die Umsetzung des Vorhabens erfolgreich war.

Am Ende bedankt sich der Mediator für das Vertrauen, das sie ihm geschenkt haben und für ihre Bereitschaft, sich auf diesen Prozess einzulassen. Dann verabschiedet er sich von ihnen.

Werkzeug 20: Mediation – Konfliktvermittlung in 5 Schritten

Phase 1: Einen sicheren Gesprächsrahmen schaffen	
Begrüßung	→ Für ein angenehmes Umfeld sorgen
Transparenz	→ Informationen über die Grundgedanken der Mediation → Informationen über den Ablauf der Mediation → Informationen über die Rolle des Mediators
Vereinbarungen	→ Vertraulichkeit zusichern → Gesprächsregeln aufstellen und Zustimmung einholen
Phase 2: Erfassen des aktuellen Konflikts	
Darstellung	→ Jede Partei schildert ihre subjektive Sicht des Konflikts
Zusammenfassung	→ Der Mediator fasst die wichtigsten Aussagen zusammen → Beschuldigungen werden in eine angriffsfreie Sprache übersetzt
Themenklärung	→ Die zu behandelnden Themen herausschälen und in eine Reihenfolge bringen
Phase 3: Der vertiefte Konfliktdialog	
Vermittlung	→ Der Mediator ermöglicht den Dialog mit der Methode des Doppelns
Konflikterhellung	→ Bedürfnisse und Gefühle hinter den festen Positionen erfassen → Selbstklärung und Fremdverstehen fördern
Phase 4: Lösungsvorschläge sammeln	
Lösungssuche	→ Ideen für Lösungsmöglichkeiten sammeln
Phase 5: Lösungsvorschläge prüfen und Vereinbarungen treffen	
Bewertung	→ Prüfen, welche Ideen die unerfüllten Bedürfnisse am wirkungsvollsten realisieren
Vereinbarungen	→ Konkrete Absprache treffen: Wer, wann, was, wo, wie, mit wem? → Schriftliche Bestätigung mit Unterschrift der Beteiligten → Evtl. Termin für ein Nachgespräch vereinbaren

Werkzeug 21:
Checkliste: Merkmale eines guten Mediators

Ein guter Mediator ...

- baut eine vertrauensvolle Beziehung zu den Beteiligten auf
- bringt allen Parteien gleiches Interesse entgegen
- sorgt für Transparenz des Verfahrens
- informiert über seine Rolle als neutraler Dritter
- stellt klare Spielregeln auf und sorgt für ihre Einhaltung
- kann sich persönlich von den einzelnen Standpunkten abgrenzen
- hört aktiv zu und fasst die wichtigsten Aussagen zusammen
- bewertet die Sichtweisen und Gefühle der Parteien nicht
- übersetzt Vorwürfe in eine angriffsfreie Sprache
- bringt die Bedürfnisse und Gefühle hinter den Positionen zum Vorschein
- hat den roten Faden des Gesprächs im Blick
- hält sich mit eigenen Lösungsvorschlägen zurück
- hält eine vorübergehende Lösungslosigkeit souverän aus
- sorgt dafür, dass die getroffenen Vereinbarungen realistisch und konkret sind
- lässt die Absprachen schriftlich bestätigen

4.3 Die Führungskraft als Mediator – geht das?

Eine häufig gestellte Frage in unserer Praxis ist, ob ein direkter Vorgesetzter überhaupt als Mediator tätig sein kann? Und in welchen Fällen? Nähern wir uns dieser Frage grundsätzlich. Die Prinzipien der Mediation lauteten:

- Freiwilligkeit
- Selbstbestimmung
- Vertraulichkeit
- Neutralität
- Allparteilichkeit
- ausschließlich Prozessverantwortung

In der Anfangsphase von Konflikten ist es durchaus vorstellbar, dass sich zwei Mitarbeiter freiwillig darauf einlassen, den Klärungsprozess durch ihren direkten Vorgesetzten begleiten zu lassen. Es ist auch vorstellbar, dass der Vorgesetzte die Selbstbestimmung der Konfliktparteien achtet, sich in Bezug auf die Anliegen und Vorwürfe neutral verhält, nicht Partei ergreift und nur Verantwortung für den Prozess, nicht aber für die Lösung übernimmt. Wirkliche Neutralität und Vertraulichkeit kann ein

Vorgesetzter aber niemals gewähren, denn bei allem Bemühen darum muss er immer einen Vorbehalt machen: Er bleibt auch in seiner Rolle als Mediator den Zielen des Unternehmens und den Vorgaben der Eigentümer verpflichtet. Und diese unterschiedlichen Rollen (loyaler Mitarbeiter versus loyaler Vorgesetzter) sind nicht spannungsfrei. Sie können in manchen Fällen sogar unvereinbar sein.

4.3.1 Für Führungskräfte: Konfliktmoderator statt Mediator

Aus diesem Grund empfehlen wir, den Rollenbegriff „Mediator" nicht auf Führungskräfte anzuwenden, die in Konfliktfällen vermittelnd tätig werden. Wir halten es wie die Autoren Heinz Jiranek und Andreas Edmüller für geeigneter, in diesem Fall von „Konfliktmoderatoren" zu sprechen. Dennoch lassen sich viele methodische Prinzipien und Hilfsmittel der Mediation auch durch Führungskräfte sinnvoll nutzen. Das Bemühen um die sechs genannten Grundprinzipien wirkt sich, trotz der erwähnten Grenzen, stets positiv auf die begleiteten Prozesse aus.

Es ist immer sinnvoll, wenn Vorgesetzte die Chance ergreifen und Mitarbeitern rechtzeitig auf konstruktive Art Feedback geben, wenn sie Verhaltensentfremdungen beobachten. So können bereits in der Irritationsphase Lösungen angestoßen werden - noch bevor ein Konflikt entsteht. Womöglich sind hier vor Kurzem (oft gegenseitig) Piekser auf wunde Punkte gesetzt worden. Sehr oft reagieren die Kontrahenten darauf mit einer Vermeidungshaltung. Sie gehen sich aus dem Weg und reden kaum noch miteinander, oder nur das Allernötigste.

Beispiel:

Frau Möldner ist Bereichsleiterin in einem Handelsunternehmen. Seit zehn Jahren arbeitet Herr Hirschmüller als ihr Büroleiter. Ihre Zusammenarbeit verlief bisher reibungslos und vertrauensvoll. Vor sechs Monaten hat Frau Möldner eine junge Akademikerin als Bereichsassistentin eingestellt, um für sich Entlastung zu schaffen. Frau Kenk ist studierte Betriebswirtin. Herr Hirschmüller und Frau Kenk müssen täglich sehr eng zusammenarbeiten. Das funktioniert zunächst auch sehr gut, obwohl die beiden 25 Lebensjahre trennen. Beide sind freundliche, kommunikative Zeitgenossen. Während des Urlaubs der Chefin hat Frau Kenk jedoch ohne Absprache mit Herrn Hirschmüller die Einsatzpläne für die Außendienstmitarbeiter erstellt und weitergeleitet. Diese Aufgabe hatte bislang bei Urlaubsabwesenheit immer Herr Hirschmüller übernommen.

Als Frau Möldner aus ihrem dreiwöchigen Urlaub zurückkehrt, beobachtet sie nun, dass die beiden bei einer Besprechung im Hauptbüro nicht wie gewohnt nebeneinander sitzen und die Köpfe gemeinsam in die Papiere stecken. Sie sitzen sich am Tisch gegenüber und halten zwei Meter

Abstand. Jeder hat einen eigenen Stapel Papier vor sich. Beide halten die Arme verschränkt, beobachten sich gegenseitig und sprechen nur das Allernötigste.

Frau Möldner beschließt zu handeln und bittet beide in ihr Büro. „Mir ist heute aufgefallen, dass Sie bei Ihrer Besprechung zwei Meter Abstand voneinander gehalten haben, die Arme die ganze Zeit verschränkt hielten, sich mit kraus gezogenen Augenbrauen beobachtet und nur das Allernötigste kommuniziert haben. Vor meinem Urlaub war das noch ganz anders. Sie waren einander zugewandt und schienen sich zu mögen. Ich bin sehr irritiert und frage mich, ob das Auswirkungen auf die Produktivität und Qualität Ihrer Arbeit haben wird. Ich weiß nicht, was zwischen Ihnen beiden vorgefallen ist in meiner Abwesenheit, aber ich möchte Sie bitten, das auszuräumen. Wenn es Ihnen selbst nicht gelingt, bin ich bereit Sie zu unterstützen."

„Da bin ich platt. War das wirklich so offensichtlich?" antwortet Herr Hirschmüller konsterniert. „Aber gut, ich für meinen Teil will es versuchen." Frau Kenk nickt zustimmend.

Eine Woche später erscheinen beide wieder bei Frau Möldner. „Wir haben die Sache geklärt und bereinigt", sagt Frau Kenk. „Wir haben die Zuständigkeiten für Ihre Urlaubs- und Krankheitsvertretung gleich komplett neu geregelt, soweit es uns betrifft", fügt Herr Hirschmüller hinzu. „Sie müssen das nur noch unterschreiben", ergänzt er mit einem Augenzwinkern. „Lass uns jetzt mal einen Kaffee trinken gehen, Kurt, zur Belohnung", sagt Frau Kenk. Beide drehen sich auf dem Absatz um und lassen eine staunende Chefin zurück.

Initiative zeigen oder nur auf Anfrage aktiv werden?

Natürlich verlaufen solche Interventionen nicht immer so ideal wie in diesem Fall. Wenn ein Vorgesetzter jedoch mit seinem Feedback initiativ wird, bevor es zu einem Konflikt gekommen ist, also bevor die Kontrahenten nachhaltig negative Urteile über einander gebildet haben und die Situation eskaliert, kann er so wirksame Konfliktprävention betreiben.

Heikler wird die Lage, wenn sich die Parteien bereits im Konflikt befinden. Hier stellen sich viele Führungskräfte die Frage: „Soll ich etwas sagen oder warten, bis die beiden von sich aus auf mich zukommen?" Es gibt dafür kein Patentrezept. Und es besteht immer die Gefahr, dass die Führungskraft in den Konflikt hineingezogen wird. Dann droht sie jedoch zum Teil des Problems zu werden, statt bei der Lösungssuche zu unterstützen. Wichtig ist, dass sich ein Vorgesetzter immer im Klaren darüber ist, welche Moderatorenrolle er übernimmt und, welche Moderatorenrolle der Situation angemessen ist.

Welche Moderatorenrolle nimmt der Vorgesetzte ein?

Jiranek und Edmüller unterscheiden sechs verschiedene Moderatorenrollen in Konfliktfällen:

- Initiator
- Berater
- Konfliktbegleiter
- Konfliktmanager
- Schlichter
- Entscheider

Der Grad der Verantwortung, die der Konfliktmoderator trägt, nimmt mit jeder Stufe zu. Sie vertreten die Auffassung, dass Vorgesetzte nur die ersten drei Rollen glaubwürdig ausfüllen können; die vierte Stufe nur noch im Ausnahmefall und die fünfte und sechste Stufe sind für sie tabu.

Bevor eine Führungskraft die Initiatorenrolle übernimmt, sollten folgende Grundvoraussetzungen vorliegen:

- Die Führungskraft beobachtet bei den Konfliktparteien nachweisliche Leistungsrückgänge oder vergleichbare Verschlechterungen – oder sie hat nachvollziehbare Gründe für deren Annahme.
- Sie kann mit gutem Grund davon ausgehen, dass die Parteien den Wunsch nach Verbesserung der Situation (noch) haben und auch dessen Erfüllung (noch) als realistisch ansehen.
- Und die Konfliktparteien haben die nötigen Fähigkeiten, um den Konflikt selbst zu lösen. Diese letzte Voraussetzung vor allem rechtfertigt die Tatsache, nicht weiter voranzuschreiten.

Initiator, Berater, Begleiter – mit jedem Schritt tiefer in den Konflikt

Ist der Konflikt weiter vorangeschritten, sinken bei den Beteiligten der Wunsch nach Verbesserung und die Hoffnung auf Lösung. Sie sind aber noch nicht verschwunden und sie werden auch nicht durch eine zu starke Emotionalität oder Irrationalität blockiert. In dieser Situation wäre die Beraterrolle für die Führungskraft angemessen. Der Berater leistet den Konfliktparteien nur indirekte Unterstützung bei der Konfliktlösung, in der Regel durch Beratung der Beteiligten in Einzelgesprächen. An der Konfliktbearbeitung selbst und der Lösungsfindung nimmt der Berater jedoch nicht teil.

Diesen Schritt vollzieht die Führungskraft in der dritten Rolle: Der Konfliktbegleiter soll einen fairen und sachlichen Gesprächsverlauf garantieren. Diese Rolle ist angemessen, wenn der Glaube an eine kooperative Lösung zumindest noch abstrakt vorhanden ist. Das Gewinner-Verlierer-Denken dominiert. Und einem oder beiden Konfliktparteien fehlt ein Teil der nötigen Fähigkeiten, um den Konflikt selbst zu lösen.

Sie sehen, dass die Führungskraft mit jedem Rollenwechsel tiefer in den Konflikt hineingezogen wird – zumindest besteht dieses Risiko und dessen sollte sich die Führungskraft immer bewusst sein.

4.3.2 Was tun, wenn der Vorgesetzte nicht mehr infrage kommt?

Fassen wir noch einmal zusammen: Die Führungskraft kann also in der Irritationsphase wertvolle Impulse geben, dass aus Pieksern auf wunde Punkte und nachfolgenden Irritationen in der Beziehung zwischen den Parteien gar nicht erst ein Konflikt entsteht.

→ DIE FÜHRUNGSKRAFT KANN ALS MODERATOR, VOR ALLEM IN DEN ANFANGSSTADIEN VON KONFLIKTEN, ERFOLGREICH UNTERSTÜTZENDE ARBEIT LEISTEN.

Tritt der Konflikt jedoch in die Phase der Feindseligkeit ein, ist für den direkten Vorgesetzten eine Grenze erreicht. Jetzt braucht es professionelle Unterstützung von neutralen Experten. In Betracht kommen alle qualifizierten Personen, die nicht zum Hierarchie- und Beziehungsgeflecht der Konfliktparteien gehören. Sollte der direkte Vorgesetzte in einer oder mehreren Moderatorenrollen erfolglos tätig gewesen sein, ist zu empfehlen, dass die Person auch nicht zu deren Beziehungsgeflecht gehört.

An der Spitze nimmt man externe Hilfe nicht gern in Anspruch

Große Unternehmen und Organisationen verfügen häufig über einen internen Pool an professionellen Konfliktmanagern oder Mediatoren. Kleinere und mittlere Unternehmen und Organisationen müssen auf Experten auf dem freien Markt zurückgreifen. Grundsätzlich gilt im beruflichen Alltag: Je höher ein Konflikt in der Hierarchie eines Unternehmens oder einer Organisation angesiedelt ist, desto schneller empfiehlt sich im Konfliktfall ein Rückgriff auf einen unabhängigen Experten. In den Führungsetagen wird so etwas aber auch als Eingeständnis einer Schwäche angesehen – und das meiden Alphatiere. Zudem grassiert die Angst, Interna könnten so doch publik werden. Das ist zwar ein Widerspruch, denn in der Regel pfeifen es die Spatzen innerhalb der Organisation schon längst von den Dächern.

Konflikte zu ignorieren und auszusitzen kann teuer werden

Einen externen Profi im Konfliktfall beizuziehen kostet Geld. Diese Investition wird ein Unternehmen oder eine Organisation nur tätigen, wenn sie beide Konfliktparteien braucht und halten möchte. Wenn die Konfliktparteien ersetzbar sind, wird meist nicht lange gefackelt und es werden Ultimaten zur Konfliktregelung gesetzt. Werden die nicht genutzt, muss einer der Kontrahenten oder müssen gleich beide gehen. Soziale Organisationen ticken oft anders. Zum einen werden Konflikte hier noch länger gedeckelt. Zum anderen ist es ein Tabu, dass nicht gelöste Konflikte zum Trennungsgrund werden. Die Gewohnheit, Konflikte auszusitzen, kann teuer werden. Für manche sozialen Organisationen und Familienunternehmen wird sie sogar existenzgefährdend.

Einen Überblick, welche Konfliktkonstellationen es innerhalb von Unternehmen und Organisationen gibt und wer als Konfliktmoderator in Betracht gezogen werden sollte, bietet die folgende Übersicht.

Werkzeug 22: Wer als Konfliktmoderator in Betracht kommt	
Konfliktparteien	Konfliktmoderator
Konflikte innerhalb eines Teams	
Mitarbeiter X – Mitarbeiter Y	Teamleiter, innerbetrieblicher Konfliktmoderator oder externer Mediator
Mitarbeiter X – Subteam Y	Teamleiter, innerbetrieblicher Konfliktmoderator oder externer Mediator
Mitarbeiter X – übriges Team	Teamleiter, innerbetrieblicher Konfliktmoderator oder externer Mediator
Subteam X – Subteam Y	Teamleiter, innerbetrieblicher Konfliktmoderator oder externer Mediator
Teamleiter – Mitarbeiter X	Direkter Vorgesetzter, innerbetrieblicher Konfliktmoderator oder externer Mediator
Teamleiter – Subteam X	Direkter Vorgesetzter, innerbetrieblicher Konfliktmoderator oder externer Mediator
Teamleiter – gesamtes Team	Direkter Vorgesetzter, innerbetrieblicher Konfliktmoderator oder externer Mediator
Konflikte zwischen Teams	
Teamleiter A – Teamleiter B	Direkter Vorgesetzter, nächsthöherer Vorgesetzter, innerbetrieblicher Konfliktmoderator oder externer Mediator
Team A – Team B	Direkter Vorgesetzter, nächsthöherer Vorgesetzter, innerbetrieblicher Konfliktmoderator oder externer Mediator
Konflikte in der Hierarchie	
Teamleiter A – Chef	Nächsthöherer Vorgesetzter, innerbetrieblicher Konfliktmoderator oder externer Mediator
Teamleiter A – Chef-Chef	Nächsthöherer Vorgesetzter, innerbetrieblicher Konfliktmoderator oder externer Mediator
Teamleiter A – Ranghöherer Nichtvorgesetzter	Nächsthöherer Vorgesetzter, innerbetrieblicher Konfliktmoderator oder externer Mediator
Konflikte zwischen funktionalen Einheiten	
z.B. Vertrieb – Verwaltung	Externer Mediator
z.B. Geschäftsbereich A – Geschäftsbereich B	Externer Mediator
z.B. Standort A – Standort B	Externer Mediator
Konflikte zwischen Eigentümern und Geschäftführung	
	Externer Mediator

5 Die Kriegsphase

In der Phase der Feindseligkeit haben die Parteien damit begonnen, den Konflikt mit Machtmitteln lösen zu wollen. Wenn der andere schon nicht durch gutes Zureden und stichhaltige Argumente zu überzeugen ist, dann soll er eben auf andere Weise zu spüren bekommen, dass er im Unrecht ist. Die Hoffnung, die hinter dieser Haltung steht, gründet sich in dem Glauben, dadurch endlich die erwünschte Kontrolle über die verfahrene Situation zu bekommen. Damit ist jedoch ein Kampf um Sieg und Niederlage entbrannt. Win-lose lautet die Parole, die die Eskalationsdynamik in ihr letztes Stadium treibt. Denn sie provoziert unweigerlich die Gegenwehr der anderen Partei, die nun auch zu verschärften Mitteln greift. Keiner will nachgeben. Eine kriegerische Auseinandersetzung etabliert sich.

5.1 Auf zum letzten Gefecht

In der Kriegsphase geben die Konfliktparteien (oder zumindest eine von beiden) nun auch ihre letzte Tarnung oder Deckung auf. Es ist ihnen nun egal, ob sie negative Konsequenzen für ihr eigenes Tun in Kauf nehmen müssen. „Auf zum letzten Gefecht" ist die Devise. In dieser Situation wird für jeden neutralen Beobachter deutlich, dass es über kurz oder lang nur Verlierer geben kann – eine typische Lose-lose-Situation bahnt sich an.

Die sieben Glaubensparadigmen in der Kriegsphase

Die folgenden sieben Glaubensparadigmen zeigen, in welchem Zustand sich eine oder beide Konfliktparteien in dieser letzten Phase unseres Konfliktmodells befinden. Und die Aussichten, noch eine Lösung zu finden, sind inzwischen düster. Da sollte niemand Illusionen haben.

→ Glaube an die Rechtmäßigkeit der eigenen Position	maximal
→ Glaube an die eigene Siegesfähigkeit	sinkt
→ Glaube daran, dass es sich lohnt durchzuhalten, koste es, was es wolle	maximal
→ Glaube an die Rechtmäßigkeit der eingesetzten Mittel	steigt
→ Glaube an die Einsichtsfähigkeit der anderen Partei	geht gegen Null
→ Glaube an die Änderungsfähigkeit der anderen Partei	geht gegen Null
→ Glaube an den Änderungswillen der anderen Partei	geht gegen Null

Vernichtung des Gegners – koste es, was es wolle

Die Aussicht auf den eigenen Sieg verblasst von Tag zu Tag. Aber koste es, was es wolle: Dem Gegner soll das Leben zur Hölle gemacht werden. Er soll dafür büßen, dass er einen schon allein durch seine Anwesenheit zur Weißglut bringt. Wo es geht, versucht man ihn zu schädigen und zu verletzen. Jedes Mittel soll dabei recht sein. Das Problem scheint auf dieser Eskalationsstufe erst dann gelöst zu sein, wenn die andere Person endlich von der Bildfläche verschwindet. Ein einfaches Nachgeben in der Sache würde dem Aggressor mittlerweile nicht mehr genügen. Deswegen greift er jetzt zu verschärften Mitteln, mit denen er seinen Gegner gezielt verletzen will. So kann es sein, dass der Kollege nach Dienstschluss einen zerbrochenen Außenspiegel an seinem Auto entdeckt. Am nächsten Morgen fehlt der wertvolle Füllfederhalter auf seinem Schreibtisch und mittags sind plötzlich zwei E-Mails auf seinem Computer wie vom Erdboden verschwunden. Auch nach außen hin findet die Feindseligkeit keine Grenze. Selbst vor Kunden wird der Kollege lächerlich gemacht und der absoluten Unfähigkeit bezichtigt. Der Schaden des anderen wird dem Aggressor nun zur größten Genugtuung. Das geht so weit, dass er dafür auch eigene Nachteile einzustecken bereit ist. Selbst wenn er wegen seiner aufgeflogenen Übergriffe von seiner Vorgesetzten eine Abmahnung erhält, so nimmt er diese Sanktion ohne Wimperzucken in Kauf. Seine ungezügelte Schadenfreude kennt keinen Halt mehr. Ist es erst einmal so weit gekommen, sind die Beteiligten in eine nur noch von außen zu lösende Lose-lose-Situation eingetreten.

5.2 Trennung als letztes Mittel

Wenn sich die Konfliktspirale bis in ihre letzte Phase des Kriegs weiter gedreht hat, bleibt als letztes Mittel nur die Trennung. Trennungen von Mitarbeitern gehören für Führungskräfte zum Alltagsgeschäft in Unternehmen und Organisationen. Die Gründe sind vielfältig. Es gibt angenehme, wie zum Beispiel die Verabschiedung von verdienten Mitarbeitern in den Ruhestand, den Mutterschutz oder die Elternzeit oder wenn sich jemand aus freien Stücken neu orientiert und das Unternehmen verlässt. Häufiger sind jedoch die unfreiwilligen Trennungen, wenn Mitarbeitern gekündigt wird. Hier gibt es zwei unterschiedliche Ausgangslagen:

- Betriebsbedingte Kündigungen
- Verhaltensbedingte Kündigungen

Kündigungsgespräche zu führen gehört zu den unangenehmsten und unbeliebtesten Aufgaben, die Führungskräfte erledigen müssen. Und Kündigungen sorgen fast immer für einen Schock bei den Betroffenen, manchmal aber auch im kollegialen Umfeld. Die Art und Weise, wie Trennungsgespräche durchgeführt werden – oder auch nicht – sagt viel aus über die Unternehmenskultur.

Trennungskultur ist Unternehmenskultur

Während betriebsbedingte Kündigungen (der Mitarbeiter ist an der Beendigung des Arbeitsverhältnisses nicht schuld) meist einem standardisierten Prozedere folgen, sieht das bei Kündigungen, bei denen der Mitarbeiter schuld ist, anders aus. Hans Kiesow unterscheidet folgende Varianten:

1. Beendigung wegen unzureichender Leistung – messbar
2. Beendigung wegen unzureichender Leistung – nicht messbar
3. Beendigung auf Grund des Verhaltens
4. Wenn die Gründe formal nicht ausreichen
5. Kündigung innerhalb der Probezeit
6. Das Gespräch bei Probezeitverlängerung (bedingte Bewährung)
7. Fristlose Kündigung
8. Der Sonderfall „Verdacht auf Diebstahl"

In der letzten Konfliktphase geht es in der Regel um die Kategorien 3, 4 und 7. Im Fall 3 führen dokumentierte, rechtlich relevante Verhaltensweisen zu einer Kündigung, im Fall 7 sogar zur fristlosen Kündigung (Arbeitsverweigerung, Zusammenarbeitsverweigerung, Pflicht- und Loyalitätsverletzungen, etc.). Am schwierigsten zu handeln ist sicherlich der Fall 4, wenn die Gründe formal für eine Kündigung nicht ausreichen – und dies dürfte für eine große Zahl der Fälle in dieser letzten Konfliktphase zutreffen.

Eine funktionierende Diskurskultur beugt vor

In Unternehmen, die über eine funktionierende Diskurskultur verfügen, wird die letzte Konfliktphase selten bis gar nicht erreicht. Konstruktives Feedback erfolgt frühzeitig und zeitnah. Konfliktgespräche werden strukturiert durchgeführt, zunächst ohne Beteiligung der Führungskraft, falls nicht erfolgreich, mit ihrer Beteiligung. Die Mediation steht als letztes Mittel allen Beteiligten zur Verfügung. Dafür stehen außerordentliche Budgetmittel bereit. Es darf nicht sein, dass man sich das „nicht leisten kann". Notwendige Trennungsgespräche werden professionell durchgeführt. Es erfolgt eine kontinuierliche Schulung aller Mitglieder des Arbeitssystems in Bezug auf die Kompetenzen, die zu ihrer Verantwortung gehören. Die Schulung sozialer Kompetenzen hat in der Fort- und Weiterbildung und in der Personalrekrutierung den gleichen Rang wie die fachliche Qualifikation. Das Gesamtkonzept der innerbetrieblichen Kommunikationsregeln wird dementsprechend ausgerichtet.

Kündigungsgespräche sind für niemanden angenehm, für den Gekündigten nicht, für die Führungskraft nicht und oft auch für das kollegiale Umfeld des Gekündigten nicht. Denn die Dschungelpost funktioniert zuverlässig: „Wie ist das gelaufen?" „Was hat der Chef gesagt?" „Welche Regelungen wurden getroffen?" „Sind diese Regelungen fair?" „Und wie verhält sich der Chef nach der Kündigung dem Gekündigten gegenüber?" „Meidet er ihn oder grenzt er ihn gar aus?" Mit Argusaugen schauen die Mitarbeiter auf diese Punkte.

Der harte oder der sanfte Weg der Trennung?

Grundsätzlich gibt es aus Sicht des Unternehmens / der Organisation immer zwei mögliche Trennungswege:

- Der „harte" Weg über eine Kündigung
- Der „sanfte" Weg über einen Aufhebungsvertrag

Befinden sich zwei Mitarbeiter bereits in der Phase des Kriegs und haben alle Versuche, den Konflikt beizulegen nichts gefruchtet oder nicht stattgefunden, ist eine Trennung unausweichlich, entweder von einem oder von beiden Mitarbeitern. Halten die dokumentierten Argumente für eine Kündigung einer rechtlichen Überprüfung stand, gehen die meisten Unternehmen den „harten" Weg. Gibt es daran berechtigte Zweifel, ist in jedem Fall zu bevorzugen, auf Aufhebungsverträge hinzuwirken. Die praktische Erfahrung zeigt jedoch, dass Aufhebungsverträge in der Konfliktphase vielleicht noch ein probates Mittel sein mögen. Der Leidensdruck ist bereits beträchtlich, aber die Konfliktparteien haben sich noch nicht hoffnungslos in einem Win-lose-Denken verrannt. In den Phasen der Feindseligkeit und des Krieges ist dies anders. Jeder hat schon zu viel investiert, um noch irgendwo Kompromisse einzugehen. „Ich weiß, dass ich Recht habe und dieses Recht setze ich auch durch. Basta!"

Der einvernehmliche Weg ist meistens der kostengünstigere

Auf den ersten Blick scheint der harte Weg für das Unternehmen der kostengünstigere zu sein. Wehrt sich der Gekündigte jedoch vor dem Arbeitsgericht erfolgreich gegen die Kündigung, kommen auf das Unternehmen Kosten zu, die ein Vielfaches der zu zahlenden Abfindung betragen können. Auch sollte man nicht unterschätzen, dass Kündigungen, die von der Belegschaft als „ungerecht" empfunden werden, zu Leistungs- und Motivationsverlusten führen können, die viel schwerer wiegen als die Kosten einer einvernehmlichen Trennung.

Trennungskultur ist Zukunftsfähigkeit

Trennungen sind immer schmerzhaft und es liegt in der Natur des Menschen, den Schmerz zu meiden, auch wenn wir genau wissen oder zumindest ahnen, dass es höchstens einen Aufschub gibt und den zu einem hohen Preis. Die Art und Weise, wie Unternehmen und Organisationen sich von Mitarbeitern trennen, sagt viel über die gesamte Unternehmenskultur und deren Zukunftsfähigkeit aus. Zukunftsfähige Unternehmen und Organisationen praktizieren einen Vierklang von Maßnahmen:

Werkzeug 23: Vier Maßnahmen für eine zukunftsfähige Trennungskultur

- Zukunftsfähige Unternehmen und Organisationen führen Trennungsgespräche professionell und auf faire Art und Weise durch.
- Den Mitarbeitern, die gehen müssen, wird ein Abschied in Würde und Achtung bereitet, wo immer das möglich ist.
- Der Verarbeitungsprozess in der verbleibenden Belegschaft wird nach dem Ausscheiden durch die Führungskräfte aktiv begleitet.
- Die Trennungskultur spiegelt sich auch in der Aufnahmekultur neuer Mitarbeiter. Jedem neuen Mitarbeiter wird bereits am ersten Tag das Gefühl vermittelt, dass er willkommen und für das Unternehmen wichtig ist. Dies drückt sich in den Willkommensritualen und dem Prozedere der Einarbeitung aus.

Kontroverse: Würdigung der Verdienste im Trennungsgespräch?

Kontrovers diskutiert wird die Frage, ob es sinnvoll ist, die Verdienste eines Mitarbeiters bereits im Kündigungsgespräch anzusprechen. Aus unserer Erfahrung lautet die Antwort klar „Nein". Es geht um eine schmerzhafte Botschaft, die erst einmal verarbeitet werden muss. Wichtig ist aber, dass die Würdigung der Verdienste stattfindet, am besten in einer eigenen Veranstaltung: Bei einem Abschied in Frieden in einer öffentlichen Veranstaltung vor der „Bezugsbelegschaft" und bei einem Abschied im Unfrieden in einem zweiten Trennungsgespräch unmittelbar vor dem Ausscheiden. Hier sollten noch einmal die Leistungen und Verdienste während der Zugehörigkeit rekapituliert werden, aber auch die wesentlichen Punkte, die zur Trennung geführt haben. Während im Kündigungsgespräch die faktisch-juristische Seite der Trennung thematisiert wird, ist es nun die sozial-emotionale. Bei einem Abschied im Unfrieden bleibt die Würdigung von Leistungen und Verdiensten in der Vergangenheit meistens aus, bei fristlosen Kündigungen ist es eine große Ausnahme. Es wird stark unterschätzt, wie wichtig dies für den „Seelenfrieden" des Ausscheidenden und auch den „Seelenfrieden" der verbleibenden Belegschaft ist. Nur wenige Unternehmen und Organisationen haben eine Kultur entwickelt, die diesen Punkt systematisch umsetzt.

Werkzeug 24: Grundsätze für das Durchführen von Kündigungsgesprächen

- Wahren Sie Diskretion – der Betroffene erfährt als Erster von der Kündigung. Gerüchteküchen gefährden das Betriebsklima.
- Jedes Wort zählt. Bereiten Sie sich gründlich vor und formulieren Sie alles vor, was Sie sagen wollen.
- Fassen Sie sich kurz. Kündigungsgespräche dauern üblicherweise nur fünf bis zehn Minuten.
- Kündigungsgespräche sollten nicht durch den direkten Vorgesetzten, sondern durch den nächsthöheren Vorgesetzten durchgeführt werden.
- Es empfiehlt sich, einen Vertreter der Personalabteilung beizuziehen.
- Führen Sie Kündigungsgespräche nicht am Freitag durch. Mitarbeiter verarbeiten den Schock leichter, wenn sie durch die Kollegen aufgefangen werden.
- Professionell zu kündigen heißt nicht, dies gefühllos zu tun. Zeigen Sie Mitgefühl, aber wahren Sie auch Distanz.
- Halten Sie auch Momente des Schweigens oder der Wut souverän aus.
- Beschwichtigungen und vage Zusagen von Unterstützung sind in Kündigungsgesprächen fehl am Platze.
- Überlegen Sie sich genau, was Sie der Belegschaft wann und wie kommunizieren werden.
- Sorgen Sie, wo immer möglich, für eine würdige Verabschiedung des Gekündigten, auch wenn am Ende ein Zerwürfnis stand.
- Begleiten Sie den Prozess der Verarbeitung bei der verbleibenden Belegschaft.

Werkzeug 25: Leitfaden für Kündigungsgespräche

- Teilen Sie die Gründe für die Kündigung mit.
- Legen Sie den exakten Austrittstermin unter Wahrung der Kündigungsfrist fest. Berücksichtigen Sie dabei Resturlaub, Überstunden, etc.
- Welche Ansprüche hat der Mitarbeiter noch an das Unternehmen/die Organisation? Ausstehende Zahlungen, ggf. Abfindung, anteiliges Weihnachtsgeld, etc.
- Regeln Sie das Prozedere wegen des Arbeitszeugnisses.
- Wie gestalten sich die letzten Arbeitstage? Ist eine Freistellung geplant?

- Wann und wie findet die endgültige Verabschiedung statt?
- An welchen Stellen gibt es Spielräume, die verhandelbar sind? Zum Beispiel: Kündigung oder Aufhebungsvertrag oder die Höhe der Abfindung.

Werkzeug 26: Leitfaden für abschließende Trennungsgespräche

- Rekapitulieren Sie den Verlauf der Zugehörigkeit zum Unternehmen mit den verschiedenen Aufgaben und Funktionen.
- Würdigen Sie die Leistungen oder das soziale Wirken, mit dem Sie zufrieden waren.
- Heben Sie besondere Verdienste auch besonders hervor.
- Fassen Sie kurz die Trennungsgründe noch einmal zusammen.
- Bringen Sie Ihr Bedauern über die Trennung zum Ausdruck, wenn Ihnen dies angemessen erscheint.
- Wünschen Sie dem Ausscheidenden alles Gute für die Zukunft.

6 Mobbing

Mobbing ist der reinste Psychoterror am Arbeitsplatz. Durch gezielte und dauerhafte Schikanen soll der Gemobbte so weit in die Knie gezwungen werden, dass er seinen Arbeitsplatz „freiwillig“ räumt. Meist wird dieses Phänomen als eine späte Eskalationsstufe ungelöster Konflikte verstanden. In dieser Lesart lässt es sich der Kriegsphase unseres Konfliktmodells zuordnen. Für viele Fälle von Mobbing trifft das auch zu. Denn je weiter der Konflikt eskaliert, desto weniger zimperlich werden die Mittel der Auseinandersetzung gewählt. Wenn die Schädigungsabsicht erst einmal im Vordergrund steht, ist Mobbing mit seiner destruktiven Wirkung bestimmt ein bevorzugtes Mittel.

Mobbing steht jedoch nicht nur am Ende der Eskalation ungelöster Konflikte. Es kann schon sehr früh in der Auseinandersetzung zweier Menschen Platz greifen. Wenn zum Beispiel in wirtschaftlich angespannten Zeiten wegen des Kündigungsschutzes keine andere Möglichkeit gesehen wird, sich von einem älteren Mitarbeiter zu trennen, kann es ebenso zu Mobbing kommen. Diesen feindseligen Attacken geht dann nicht unbedingt eine Beziehungsstörung voraus.

Darum behandeln wir das wichtige Thema Mobbing hier in einem eigenen Kapitel, um es in seiner besonderen Erscheinungsweise leichter erkennen zu können.

6.1 Die besondere Dramatik von Mobbing

Von Mobbing kann man sprechen, wenn
- ein Kollege oder Mitarbeiter am Arbeitsplatz über längere Zeit hinweg schikaniert und gedemütigt wird,
- die Angriffe systematisch erfolgen,
- um den Betroffenen zum Verlassen des Arbeitsplatzes zu drängen.

Werden Mitarbeiter von Vorgesetzten gemobbt, spricht man auch von Bossing.

Die französische Psychoanalytikerin Marie-France Hirigoyen hat für die Vielzahl möglicher Mobbinghandlungen vier Kategorien gebildet, beginnend mit den schwerer erkennbaren Verhaltensweisen bis hin zu den offenkundigeren.

Die vier Kategorien der Mobbinghandlungen

1. Angriffe auf die Arbeitsbedingungen

- Es wird der Person jede Eigenverantwortung genommen.
- Informationen, die sie für ihre Arbeit bräuchte, werden ihr verweigert.

- Jede ihrer Entscheidungen wird systematisch infrage gestellt.
- Sie erfährt ungerechtfertigte oder übertriebene Kritik an ihrer Arbeit.
- Sie verliert den Zugang zu den Arbeitsgeräten: Telefon, Computer etc.
- Arbeit, die normalerweise ihr zukäme, wird anderen zugewiesen.
- Sie wird unentwegt vor neue Aufgaben gestellt.
- Ihr werden Aufgaben zugewiesen, die ihre Kompetenz unterfordern.
- Ihr werden Aufgaben zugewiesen, die ihre Kompetenz überfordern.
- Es wird Druck auf sie ausgeübt, um zu verhindern, dass sie ihre Rechte geltend macht (Urlaub, geregelte Arbeitszeit, Gratifikationen).
- Es wird verhindert, dass sie befördert wird.
- Man weist ihr gegen ihren Willen gefährliche Arbeiten zu.
- Es werden ihr Aufgaben zugewiesen, die sich nicht mit ihrer Gesundheit vereinbaren lassen.
- Ihr Arbeitsplatz wird verwüstet.
- Es werden Aufgaben gestellt, die unmöglich zu bewältigen sind.
- Es wird keine Rücksicht auf die fachkundige Meinung des Betriebsarztes genommen.
- Sie wird dazu getrieben, einen Fehler zu begehen.

2. Isolierung und Kommunikationsverweigerung

- Es wird der Person ständig ins Wort gefallen.
- Ihre unmittelbaren Vorgesetzten oder Kollegen sprechen nicht mehr mit ihr.
- Man kommuniziert nur noch schriftlich mit ihr.
- Ihr wird jeder Kontakt verweigert, sogar der visuelle.
- Ihr wird ein Schreibtisch abseits der anderen zugewiesen.
- Man ignoriert sie und wendet sich ausschließlich an die anderen Anwesenden.
- Kollegen wird verboten, mit ihr zu sprechen.
- Sie darf nicht mehr mit anderen sprechen.
- Die Leitung verweigert ihr jeden Termin zu einer Unterredung.

3. Angriff auf die Würde

- Man gibt der Person abwertende Namen.
- Es wird ihr Verachtung gezeigt (Seufzer, verächtliche Blicke etc.).
- Sie wird bei Kollegen und Vorgesetzten in Verruf gebracht.
- Es werden Gerüchte über sie verbreitet.
- Ihr werden psychische Probleme nachgesagt.
- Man macht sich über ihre Behinderung oder ihr Äußeres lustig.
- Sie wird imitiert oder parodiert.
- An ihrem Privatleben wird Kritik geübt.
- Es wird über ihre soziale Herkunft oder ihre Nationalität gespottet.
- Ihre religiösen oder politischen Überzeugungen werden angegriffen.
- Man weist ihr erniedrigende Aufgaben zu.
- Sie wird mit obszönen oder abwertenden Ausdrücken beschimpft.

4. Verbale, physische oder sexuelle Gewalt

- → Der Person wird mit physischer Gewalt gedroht.
- → Man wird handgreiflich, rempelt sie an oder schlägt ihr die Tür vor der Nase zu.
- → Sie wird angeschrien.
- → Ihr Privatleben wird durch Anrufe oder Briefe belästigt.
- → Sie wird auf der Straße verfolgt.
- → Ihr wird vor ihrer Wohnung aufgelauert.
- → Ihrem Auto wird Schaden zugefügt.
- → Sie wird sexuell in Gesten und Worten belästigt.
- → Auf ihre gesundheitlichen Probleme wird keine Rücksicht genommen.

Am schwierigsten sind die Angriffe auf die Arbeitsbedingungen zu erkennen. Wird jemand häufig in übertriebener Weise kritisiert, kann sich der Aggressor damit verteidigen, dass er zum Wohl der Firma doch auch auf Fehler hinweisen darf. Das sei sogar seine Aufgabe.

Die Angreifer kommen im Tarnkleid daher

Auch die Vorwürfe wegen Isolierung und Kommunikationsverweigerung können vom Angreifer leicht als Bagatelle abgetan werden. Klagt jemand darüber, dass er von anderen „geschnitten" und vom informellen Informationsaustausch ausgeschlossen wird, kann man ihm leicht entgegenhalten, dass hier eben nicht nur Kaffeekränzchen stattfinden, sondern primär gearbeitet wird. Vielleicht sei der Klagende mit seinen Vorstellungen einfach am falschen Platz.

Angriffe auf die Würde sind schon weitaus leichter zu erkennen. Wenn man sich vor versammelter Mannschaft über jemanden lustig macht, indem man seine Bewegungen karikierend nachahmt oder seine Sprachgewohnheiten übertrieben wiedergibt, ist das für viele sichtbar. Reagiert das Opfer dieser Aktionen beleidigt und beschwert sich darüber, kann es auch hier auf großes Unverständnis stoßen. Man wird sich zur Aufmunterung doch mal einen Spaß erlauben dürfen. Den Angegriffenen dann als humorlos zu bezeichnen, dreht den Spieß sofort wieder um und schiebt das Problem zum Gemobbten zurück.

Zu den offenkundigsten Formen feindseliger Angriffe gehört die verbale, physische und sexuelle Gewalt. Wenn einer den anderen anschreit, ist das nicht mehr zu überhören. Die Ausrede, dass er dazu gereizt wurde, ist nun schon weit weniger überzeugend.

Die Dramatik besteht in der Verkettung

Betrachtet man jede einzelne Handlung nur für sich, ist die Dramatik von Mobbing nicht zu erfassen. Dann könnte man sich zu Recht fragen, was denn schon daran sein soll, wenn jemand mal nicht die Informationen erhalten hat, die er zur Bewältigung seiner Aufgaben benötigt. Mobbinghandlungen erfolgen jedoch systematisch und über einen längeren Zeitraum. Eine einzelne, wenn auch noch so heftige Handlung, reicht nicht aus. Über welchen Zeitraum sich die einzelnen Aktionen erstrecken müssen, kann freilich nicht in einer allgemein gültigen Regel ausgedrückt werden. Denn je schwerer eine Tat wiegt, desto weniger braucht sie vorzukommen, um als Mobbing gewertet zu werden. Nach der Rechtsprechung genügen neun Vorfälle in einem Zeitraum von dreieinhalb Jahren noch nicht. Zwanzig Taten innerhalb von elf Monaten werden indes anerkannt. Ein systematisches Vorgehen liegt nur dann vor, wenn die einzelnen Taten in der Gesamtschau ein einheitliches Bild ergeben. Wird ein Mitarbeiter wegen seiner schlechten Leistungen von mehreren Kollegen und Vorgesetzten kritisiert, so muss sich dahinter noch keine gemeinsame Absprache verbergen.

Wie wirkt Mobbing?

Mobbing wirkt durch die Vielzahl der kleinen Attacken zerstörerisch auf die Persönlichkeit des Gemobbten. Ganz entscheidend dabei ist die Hinterlist der geleugneten Gewalt. Wenn einen jemand offen angreift, kann man sich immerhin wehren. Wenn der Täter aber so verfährt, dass er sich bei den einzeln betrachtet jeweils recht harmlosen Handlungen herausredet und die unangenehme Wirkung bloß der Überempfindlichkeit des anderen zuschreibt, dann hat der Gemobbte wenig in der Hand. Und wenn er dem Aggressor vorhält, dass er die Strategie seines zerstörerischen Vorgehens durchschaut habe, muss er damit rechnen, dass ihm nun auch noch ein Verfolgungswahn attestiert wird: „Sie sehen aber auch überall Gespenster. Vielleicht sollten Sie mal zum Arzt gehen."

Die dauerhafte Leugnung des Mobbers entfaltet treffsicher ihre Wirkung. Das Opfer beginnt mehr und mehr an seinem Verstand zu zweifeln. Stimmt tatsächlich etwas nicht mit ihm? Hat es sich getäuscht? Ist es in letzter Zeit wirklich überempfindlich geworden? Diesen Fragen werden im inneren Dialog Belege entgegengehalten, die eindeutig für die Verletzungsabsicht des anderen sprechen. Die Gedanken bewegen sich im Kreis und aktivieren die erlittenen Verletzungen jedes Mal von Neuem.

Dauerhafte Leugnung ist die Hauptwaffe des Mobbers

Um diesem destruktiven Kreislauf von Selbstzweifel und Selbstbestätigung zu entkommen, bräuchte es jetzt dringend einer Bestätigung der eigenen Wahrnehmung von außen. Menschen, die einem Glauben schenken und die gemachten Erfahrungen nicht als übersteigerte Empfindlichkeit abtun. Denn genau sie könnten zur Stabilisierung des Gemobbten beitragen. Doch in dem Moment, wo diese Unterstützung am dringendsten gebraucht wird, versagt sie am meisten.

Dafür hat der Aggressor in kluger Vorhersicht schon seinen Beitrag geleistet. Denn zumeist streut er bereits vorsorglich Gerüchte über sein Mobbingopfer aus. So bekommen die Kollegen zu hören, dass Frau Bremgarten wohl erhebliche psychische Probleme habe, weil sie sich in letzter Zeit ständig angegriffen fühle. Dauernd vermute sie böse Absichten. Da könne man so freundlich sein, wie man wolle, das sei ihr nicht mehr aus dem Kopf zu bringen. Man mache sich wirklich ernsthafte Sorgen um die gesundheitliche Verfassung dieser Kollegin. Im Moment sei es besser, ihr nicht jedes Wort zu glauben und am besten gehe man ihr zurzeit sowieso aus dem Weg.

Solch ein Gerücht wird seine Wirkung nicht verfehlen. Es wird den Versuch des Gemobbten erschweren, Verbündete für seine Sichtweise zu gewinnen. Kollegen, die nun unsicher sind, welche Seite die Wahrheit sagt, halten sich meist diskret zurück. Sie wollen nicht in diese Verwicklungen hineingezogen werden. Statt also Unterstützung von außen zu erfahren, fühlt sich das Mobbingopfer einer Mauer des Schweigens und der Gleichgültigkeit ausgesetzt. Das Misstrauen weitet sich dadurch auf immer mehr Personen aus.

Gerüchte werden gezielt gestreut

Je beharrlicher sich der Gemobbte nun für seine Rehabilitation starkmacht, umso mehr läuft er in seiner Verzweiflung gegen eine Wand. Bei dem Versuch, gegen die gestreuten Gerüchte anzutreten, nervt er mit der Zeit seine Kollegen. Warum muss er sich nur so sehr in das Thema verbeißen? Warum muss er es immer wieder vortragen, obwohl die anderen doch kein sonderliches Interesse daran zeigen? Seine Besessenheit in dieser Sache macht ihn zunehmend unsympathisch. Nur die treuesten Weggefährten sind noch bereit ihn anzuhören. Selbst Familienangehörige wollen das Thema langsam nicht mehr hören. Überall schleicht sich der Verdacht ein, dass mit dem Betreffenden eben doch etwas nicht stimmt.

Ist das Opfer der geleugneten Gewalt in dieser Abwärtsspirale gefangen, destabilisiert sich seine Persönlichkeit immer weiter. Das Fatale ist dabei, dass der Gemobbte mit der Zeit immer mehr zu dem wird, was man ihm ursprünglich vorgeworfen hat. Wer zum Beispiel dadurch destabilisiert wird, dass man ihn dauernd wegen angeblicher Fehler kritisiert, wird unter diesem Stress früher oder später tatsächlich grobe Fehler begehen. Von wem öffentlich ungehindert behauptet wird, dass er psychische Probleme hat, wird wegen dieser dauernden Gerüchte irgendwann tatsächlich psychische Auffälligkeiten zeigen.

In der Abwärtsspirale destabilisiert sich die Persönlichkeit

Der Mobber hat dann sein Opfer auf grausame Weise in seinem Selbstvertrauen zerstört. Das geht bei den meisten so weit, dass sie plötzlich selber davon überzeugt sind, die feindseligen Attacken verdient zu haben, weil sie als Mensch nichts wert seien. Denn wer sich so etwas gefallen lasse, sei auch selber schuld an seinem Leid. In dieser Phase besteht die akute Gefahr, sich aus Verzweiflung selber das Leben zu nehmen.

Wer sich diese destruktive Strategie vor Augen hält, wird wenig Zweifel an den Aussagen der Mobbingforschung haben, die besagt, dass jeder ein Mobbingopfer werden kann. Es lassen sich keine Persönlichkeitseigenschaften feststellen, die einen vor den beschriebenen Wirkungen schützen würden. Das steht im Gegensatz zu der landläufigen Einschätzung, dass die Gemobbten doch auch selber Schuld an ihrem Leid trügen. Wer kennt nicht unsympathische Menschen, die einem sofort von ihren Mobbingerfahrungen erzählen wollen? Vielleicht tragen sie noch heute den Stempel des Prozesses, der sie erst zu dem gemacht hat, was man ihnen immer vorgeworfen hat.

Es soll natürlich auch nicht verkannt werden, dass es Trittbrettfahrer gibt, die sich als Opfer von Mobbing ausgeben, ohne diese Erfahrung jemals gemacht zu haben. Egoistische Menschen, die keinen Blick für das gemeinsam zu Bewältigende haben und jede Leistungsanforderung gleich als gezieltes Mobbing diffamieren. Sie missbrauchen dieses Phänomen, um sich vor den berechtigten Erwartungen der anderen zu schützen. Der Status als Mobbingopfer sollte ihnen mit allem zu Gebote stehenden Selbstbewusstsein verweigert werden.

6.2 Abwehrmaßnahmen gegen Mobbing

→ DIE GRÖSSTE CHANCE, DEM MOBBER DAS HANDWERK ZU LEGEN, BESTEHT DARIN, SEIN TUN VOR ALLER AUGEN ZU ENTLARVEN.

Häufig klagen die Gemobbten nur über die jeweils aktuellen Vorkommnisse. Ihre Umwelt nimmt sie dann als überempfindlich wahr. Oder sie sprechen so vage über einen teuflischen Gesamtplan, dass die Umgebung darin nur eine versponnene Verschwörungstheorie erkennen kann. Was den Gemobbten meist fehlt, ist eine detaillierte Liste aller Mobbinghandlungen, die in ihrer Gesamtschau ein Mobbing vermuten lassen. Deswegen sollten sich Mobbingopfer rechtzeitig ein Tagebuch zulegen, in dem sie jede Handlung präzise festhalten. Angaben zu Datum, genauer Uhrzeit, Ort und möglichen Zeugen dürfen dabei nicht fehlen.

Mit solchen konkreten Angaben in der Tasche, sollte so bald wie möglich der Vorgesetzte über die Ereignisse informiert werden. Ist dieser allerdings der Täter, sollten selbstverständlich andere Ansprechpartner gewählt werden. Es empfiehlt sich dann, Unterstützung beim Betriebs- oder Personalrat zu holen. In einigen Firmen gibt es sogar spezielle Mobbingbeauftragte, die dann die idealen Ansprechpartner sind.

Was die Betroffenen jedoch auf jeden Fall unterlassen sollten, ist der Versuch, das Mobbing stoisch aushalten zu wollen. Denn der langfristigen Zermürbungsstrategie ist mit passivem Widerstand nicht zu trotzen. Die Erfahrung zeigt, dass Mobbing umso erfolgreicher gestoppt werden kann, je früher man sich dagegen wehrt.

Vorfälle dokumentieren und mit Beistand zur Gegenwehr schreiten

Zur Gegenwehr gehört, dass Sie die verharmlosende Sprache des Mobbers nicht akzeptieren. Nein, sein Tun war kein Spaß. Nennen Sie ihm gegenüber „das Kind beim Namen“. Sagen Sie ihm, dass Sie sein Treiben durchschaut haben und welche konkreten Handlungen er in Zukunft zu unterlassen hat. Bloße Bitten, dass er Sie doch einfach in Ruhe lassen solle, sind viel zu unbestimmt und strahlen keine Selbstsicherheit aus.

Beziehen Sie bereits im Frühstadium des Mobbings enge Vertraute ein, die Ihnen den Rücken stärken. Reden Sie gegenüber Kollegen am Arbeitsplatz jedoch nicht gleich von Mobbing. Dieses Wort lässt viele reflexartig auf Abstand gehen. Beschreiben Sie stattdessen die einzelnen Taten so konkret wie möglich.

Gegen Mobbing sind auch die Stärksten nicht gefeit, weil es uns gezielt an unserer schwächsten Stelle trifft. Wer jedoch zu seinen Schwächen nicht steht, ist dort umso leichter zu verletzen. Er kann dann nicht selbstbewusst reagieren und sagen: „Ja. Ich habe diese Schwäche. Das rechtfertigt aber kein Mobbing!“ Solange sich jemand seiner Schwächen schämt, macht er sich unnötig klein und angreifbar. Er ist dann anfällig für die häufig beobachteten Selbstbeschuldigungen der Mobbingopfer. Sie reden sich dann ein, die Gemeinheiten des Mobbers sogar verdient zu haben.

Werkzeug 27:
Checkliste: Wie Sie sich am besten gegen Mobbing wehren

- → Gegenwehr frühzeitig organisieren
- → Vorfälle genau dokumentieren
- → Vertrauenspersonen einbeziehen
- → Professionelle Berater hinzuholen
- → Klare Aussagen an den Mobber richten
- → Verharmlosungen energisch zurückweisen
- → Scham und Selbstvorwürfen entgegentreten
- → Dem Mobber vor Augen führen, in welches unterstützende Netzwerk man eingebunden ist
- → Verbale Angriffe schlagfertig kontern
- → Den Mobber bei seinem Tun öffentlich bloßstellen

7 Wenn ungelöste Konflikte verschoben werden

Nicht immer sind Konflikte am Arbeitsplatz in Differenzen zwischen den Menschen begründet, die sich streiten. Manchmal handelt es sich auch um ungelöste Konflikte, die verschoben und stellvertretend von rangniederen Mitgliedern ausagiert werden. Dieses Phänomen erscheint zunächst einmal nicht logisch. Was geht es zwei Mitarbeiter an, welche Probleme ihre Chefs miteinander haben und warum sollten sie sich deshalb in die Haare kriegen? Und dennoch passiert genau das immer wieder.

Beispiel:

Die beiden Bereichschefs Müller und Beyer verbindet eine langjährige Feindschaft und tief sitzende Antipathie, die im Unternehmen bereits Legende ist. Eigentlich wundern sich alle in der Belegschaft, dass dies für beide noch keine Konsequenzen hatte. Aber Herr Müller kann gut mit dem Seniorchef und Herr Beyer ist mit der Seniorchefin verwandt. Beide sind Mitglieder in einer neuen Projektarbeitsgruppe. Da sie kürzlich wegen Budgetfragen in einer Geschäftsleitungssitzung heftig aneinandergerasselt sind, lassen sie sich in der Projektgruppe nun durch ihre Assistenten vertreten.

Herr Bohl und Herr Fitz hatten bislang selten miteinander zu tun, sind aber immer gut ausgekommen. Bereits in der zweiten Projektsitzung geraten sie sich so heftig in die Haare, dass die Projektleiterin die Sitzung unterbrechen muss und die beiden zu einem Gespräch unter sechs Augen bittet. „Sie benehmen sich ja noch schlimmer als Ihre Vorgesetzten", beginnt sie das Gespräch ...

Drei Verschiebungsdynamiken

Werden Probleme auf der Ebene, wo sie entstehen, nicht bearbeitet und gelöst, besteht eine Gefahr, dass sie im System verschoben werden. Niederrangige Systemmitglieder identifizieren sich (unbewusst) mit den Konfliktparteien und tragen den Konflikt stellvertretend aus. Dabei kann es zu drei unterschiedlichen Dynamiken kommen:

1. Nachfolge – wir machen es wie die da oben
   Beispiel: Die Führungskraft und ihr Stellvertreter hatten in der Vergangenheit einen Konflikt, den sie aber nicht gelöst haben. Während zwischen beiden Konfliktparteien schon längst eine (scheinbare) Waffenruhe herrscht (Phase 4, kal-

ter Konflikt), beginnen sich nun zwei Mitarbeiter aus dem Team erbittert zu streiten. Die Situation droht zu eskalieren. Beide Mitarbeiter wurden bereits abgemahnt.

2. Negative Stellvertretung – wir machen es statt denen da oben
   Beispiel: Zwischen zwei Führungskräften gibt es einen verdeckten Konflikt, der sich in Spannungen ausdrückt. Der Konflikt tritt durch die Verschiebung auf eine nachgeordnete Ebene (zwei Mitarbeiter aus dem Team) erst ans Tageslicht. Es werden Gedanken und Gefühle ausgesprochen und Handlungen vorgenommen, die die eigentlichen Konfliktparteien (noch) zurückhalten.
3. Positive Stellvertretung – wir lösen es statt denen da oben
   Beispiel: Die Verschiebung von Konflikten kann aber auch einen positiven Effekt haben. Manchmal wird durch die stellvertretend agierenden Personen ein Lösungsversuch unternommen, der durch die Verantwortlichen nicht gesehen oder verweigert wird.

Was zur Verschiebung von ungelösten Konflikten führen kann

Verschobene Konflikte in Arbeitssystemen bedeuten fast immer nicht bearbeitete Führungsprobleme bzw. fehlende oder falsche unternehmerische Entscheidungen im Hintergrund. Es folgt eine Übersicht über wichtige Phänomene, die sich an Franz Ruppert anlehnt, einem der Pioniere der Systemaufstellungsarbeit in Arbeitsbeziehungssystemen.

1. Fehlende Ausrichtung

Haben Teams und Mitarbeiter keine ausreichende Klarheit über Ziele und Aufgaben, beginnen sie, sich diese nach eigenem Gutdünken selbst zu setzen. Sie treten in einen Wettbewerb untereinander um die besten Wege und Ideen ein. Dabei entstehen Reibungen, Koordinationsprobleme und Widersprüche. Das Arbeitssystem ist vorwiegend mit sich selbst beschäftigt und beginnt auseinanderzudriften. Das Betriebsklima leidet merklich. Die Zeche zahlen auch die Kunden, die aus dem Blickfeld verschwinden und fast wie Störenfriede behandelt werden. Am Ende gerät der unternehmerische Erfolg in Gefahr. Ein Konflikt in der Geschäftsleitung oder unter Eigentümern über unternehmerische Ziele und den Weg zu ihrer Umsetzung verschiebt sich also in die Abteilungen und Teams und wird dort ausagiert.

2. Organisatorische und strukturelle Klemmen

Gibt es Widersprüche in der Organisationsstruktur, unklare Zuständigkeiten, Kompetenzüberschneidungen oder mangelhafte Kommunikation und Koordination, reagiert das Arbeitssystem oft mit Verunsicherung oder Blockaden. Besonders oft tritt dies auf, wenn Organisationsstrukturen sich entweder an reale Veränderungen der Arbeitsumwelt nicht angepasst haben (nicht mitgewachsen sind) oder neue Organisationsstrukturen ohne hinreichende Notwendigkeit verordnet und mangelhaft umgesetzt und kommuniziert wurden (zu schnell und falsch gewachsen sind).

3. Zu schnelles Veränderungstempo

Ein zu schnelles Tempo bei Veränderungen oder eine mangelhafte Kommunikation der Gründe können die Mitarbeiterschaft spalten und erzeugen eine oft lang anhaltende Boykotthaltung. Veränderungen brauchen Zeit, um in der Praxis anzukommen und Veränderungsmanagement ist eine hohe Kunst. Ein großes Problem vieler Unternehmen und Organisationen ist, dass gravierende Veränderungen inzwischen so schnell aufeinander folgen, dass sie sich zum Teil mehrfach überlappen. Oft sind die Initiatoren von Veränderungen schon gar nicht mehr im Unternehmen, wenn diese zu wirken beginnen. Dies schafft Irritationen und Überforderungen, gegen die sich Mitarbeiter nachvollziehbar zur Wehr setzen. Spannungen und soziale Konflikte sind die Folge.

4. Falsche Besetzung von Führungspositionen

Werden Führungspositionen nicht nach Eignung, sondern nach anderen Kriterien (z.B. persönliche Beziehungen) besetzt, revoltiert das betroffene Arbeitssystem früher oder später. Dies kann zu Machtkämpfen, Spaltungen oder einem Handlungsvakuum führen. Besonders heftig sind die Reaktionen, wenn geeignete Kandidaten aus den eigenen Reihen übergangen worden sind. Solche Personen werden dann oft zu heimlichen Leitern, was zu einer Spaltung des Teams führen kann, im Extremfall auch zu einer Situation „alle gegen den neuen Chef“. Der Konflikt in der Chefetage (Vorrang der persönlichen Beziehung vor Qualifikation und Eignung) wird an der Basis quasi umgedreht. Der Versuch, Fehlbesetzungen zu reparieren, indem man die betreffende Person ins Team zurücksetzt, scheitert meistens, da der Gesichtsverlust zu hoch ist.

5. Führungskräfte ohne Rückhalt von oben

Haben Führungskräfte keinen Rückhalt bei der nächsthöheren Führungsebene oder der Leitung der Organisation, ist ihre Position nachhaltig geschwächt. Zu solchen Situationen kommt es oft, wenn derjenige, der die betreffende Person eingestellt hat, inzwischen gegangen ist oder auch bei Fusionen/Übernahmen, wenn plötzlich ein neues höheres Management auf den Plan tritt. Das fehlende Vertrauen überträgt sich auf die Mitarbeiter. Sie bekommen Angst, dass ihr Chef die Sache nicht durchsteht, sie hängen lässt und sich nicht schützend vor sie stellt. Gegenüber ranggleichen Kollegen steht diese Führungskraft ebenfalls geschwächt da und droht zum Opfer von Angriffen zu werden.

6. Verweigerung von Führungsverantwortung

Manche Führungskräfte übernehmen in ihrem Arbeitssystem keine wirkliche Führungsverantwortung, indem sie sich auf höhere Ideen, wie Basisdemokratie oder Gleichberechtigung, berufen. Sie lassen zu, dass ein Machtvakuum entsteht. Dies führt zu Unzufriedenheit bei den Mitarbeitern. Die Führungskraft delegiert die Kommunikation unangenehmer Entscheidungen, sie zögert sie hinaus oder trifft sie gar nicht. Das Team driftet auseinander und niemand fühlt sich dafür verantwortlich. Es verwundert nicht, dass es in solchen Fällen oft zu Machtkämpfen unter jenen Mitarbeitern kommt, die das Vakuum auszufüllen versuchen. Denn sie handeln ohne Legitimation, ohne offiziellen Auftrag. Manchmal führen bei dieser Symptomatik zusätzlich noch elterliche Autoritätskonflikte bei den Beteiligten im Hintergrund Regie.

7. Überforderte Führungskräfte

Wenn Führungskräfte ihre Führungsverantwortung unzureichend wahrnehmen, können auch Überforderung oder ein chronischer Erschöpfungszustand der Grund sein. Oft werden langjährige Mitarbeiter aufgrund ihres Fachwissens in Führungspositionen befördert, ohne für ihre Aufgabe als Führungskraft eigens qualifiziert zu werden. Wer selbst überfordert ist und zudem kein klares Commitment zur Führungsrolle hat, kann seinen Mitarbeitern keine Sicherheit geben, sie nicht fordern und nicht fördern. Oft treten in solchen Situationen dann wieder heimliche Leiter in Aktion. Wenn die Überforderung anhält, kann aus einer momentanen Überforderung eine chronische werden, an deren Ende die Diagnose „Burn-out" steht.

8. Loyalität zum Vorgänger

Kommt eine neue Führungskraft in das Arbeitssystem, macht sie manchmal die Erfahrung, dass ein Teil der Mitarbeiter sich noch der alten Führungskraft gegenüber loyal verhält und der neuen Führungskraft die Loyalität (zumindest vorerst) verweigert. Wird diese Loyalität zum Alten nicht gewürdigt, spaltet dies oft die Belegschaft und es kommt zu Fraktionierungen. Es empfiehlt sich, ein Team, das unter dem Verlust der alten Führungskraft noch leidet, „aus der letzten Position heraus" zu führen. Die Loyalität der Mitarbeiter muss sich eine neue Führungskraft erst verdienen.

9. Nicht bereinigte Konflikte zwischen Führungskräften

Werden Konflikte zwischen Führungskräften nicht geklärt und gelöst, besteht die Gefahr, dass andere Mitglieder aus dem betroffenen Arbeitssystem stellvertretend diese Aufgabe übernehmen. Dies geschieht zumeist unbewusst. Stellvertretend wird Krieg gespielt, endlich mal Klartext geredet oder die Friedenspfeife geraucht – und das alles ohne offensichtlich nachvollziehbaren Grund. Fehlen solche Gründe, ist immer die Frage zu stellen: Wo gehört dieser Konflikt eigentlich hin? In welchem Kontext macht er Sinn? Es empfiehlt sich immer, zunächst die direkten Vorgesetzten ins Visier zu nehmen. Manchmal muss man aber in der Hierarchie auch ganz bis nach oben gehen.

10. Fehlende Akzeptanz von Führungskräften durch die Mitarbeiter

Werden Führungskräfte von den Mitarbeitern nicht akzeptiert, liegt dies nicht immer an mangelnden Fähigkeiten oder mangelndem Willen. Manchmal haben Mitarbeiter grundsätzliche Schwierigkeiten, Führungskräfte und Leiter zu akzeptieren. Komplikationen gibt es auch, wenn ein Team bislang eine schwache Leitung hatte. Daran waren alle gewöhnt und hatten Freiräume, die sie nun unter dem Zepter einer neuen, starken Führungspersönlichkeit zu verlieren drohen. Das löst Widerstände aus. Schwierig ist es auch, wenn Mitarbeiter selbst Ambitionen auf die Führungsposition hatten, aber nicht gefragt oder berücksichtigt wurden. Hier braucht die neue Führungskraft volle Rückendeckung von oben und manchmal hilft auch nur eine Trennung von Mitarbeitern, die den Widerstand gegen die neue Führung nicht aufgeben.

11. Nicht beachtete Rangfolge

Unter ranggleichen Mitgliedern eines Arbeitssystems (z.B. eines Teams) gilt der Grundsatz, dass derjenige, der länger dabei ist, bei gewissen Fragen Vorrang hat. Dies gilt für Führungskräfte genauso wie für Mitarbeiter. Wird diese Regel nicht beachtet, z.B. wenn jüngere Mitarbeiter mehr Einfluss auf kollektive Entscheidungen erhalten oder sie zuerst gefragt werden, kann es zu offenen oder verdeckten Konflikten kommen. Besonders häufig gibt es hier Probleme in Wirtschaftsbereichen, in denen sich die Anforderungen an die Fähigkeiten und Qualifikationen der Mitarbeiter sehr schnell ändern. Während ein neuer junger Mitarbeiter hier aufgrund einer fachlichen Qualifikation in fachlichen Dingen einen vorderen Rang einnimmt, bleibt er in der sozialen Rangfolge doch das Schlusslicht. Das Management solcher Situationen erfordert von allen Beteiligten enormes Fingerspitzengefühl.

12. Mangelnde Anerkennung von Verdiensten

Es ist wichtig, dass die Leitung die Verdienste von Mitarbeitern angemessen würdigt. Je länger jemand dabei ist, umso wichtiger ist diese Würdigung. Bleibt die Anerkennung aus, verunsichert dies auch alle übrigen. „Werden Leistung und Loyalität hier überhaupt belohnt?" Besonders wichtig ist die Anerkennung von Verdiensten beim Ausscheiden von Mitarbeitern, bei freiwilligem Ausscheiden genauso wie bei Kündigungen oder Übertritt in den Ruhestand. Vor allem bei Kündigungen steht oft das Kritische einseitig im Vordergrund. Fehlende Anerkennung macht den Betroffenen auch das Loslassen schwer. Sie grollen oft noch lange weiter. Und der Teil der Belegschaft, der sich ihnen verbunden fühlt, grollt mit. Besonders groß sind die negativen Folgen, wenn Gründern von Unternehmen oder geistigen Vätern von Ideen oder Projekten die Anerkennung versagt bleibt. Das passiert oft, wenn diese aus dem Unternehmen gedrängt wurden.

13. Zu große persönliche Nähe

Die Führungsrolle macht auch einsam. Das müssen Führungskräfte aushalten können und das unterscheidet sie vom Mitarbeiter. Mit jeder hierarchischen Stufe nimmt der Zusammenhalt zwischen den ranggleichen Kollegen ab. Es gibt immer weniger persönliche Nähe. Eine zu große Nähe zwischen Führungskraft und Mitarbeiter birgt auch das Risiko, dass sich der Mitarbeiter falsche Vorstellungen und Hoffnungen macht. Er sieht sich bereits als Freund, rechte Hand oder Vertrauter. Bei den Kollegen fördert dies Misstrauen und Neid. Es ist für Vorgesetzte hilfreich, eine gewisse Distanz zu den Mitarbeitern zu wahren. Dies beugt dem Risiko vor, in persönliche Verstrickungen oder Übertragungssituationen zu geraten. Sollte dies doch geschehen, hilft eine frühzeitige Erkenntnis dabei, noch rechtzeitig die Reißleine zu ziehen und sich von einem solchen Mitarbeiter zu trennen.

Beispiel:

Herr Köllner, der hoch qualifiziert ist, hatte mehrere Stellen als Assistent der Geschäftsleitung nach kurzer Zeit verloren. Er ist ohne Vater aufgewachsen und suchte in jeder männlichen Führungskraft unbewusst seinen Vater. Das führte zu einem extrem klettenartigen Verhalten. Über kurz oder lang endete dies bislang immer in einer für ihn schmerzhaften Trennung. Im Team wurde er durch sein Verhalten zum Außenseiter.

Dieses Beispiel steht stellvertretend dafür, dass die Verschiebung einer familiären Verstrickung in das Arbeitssystem und ihre dortige Re-Inszenierung ein ganzes System aus dem Gleichgewicht bringen kann. Lösen kann das Problem nur Herr Köllner selbst. Dem Vorgesetzten und den Kollegen sind hier die Hände gebunden. Sie können nur darauf achten, dass sie sich nicht (wohlmeinend) in die Dynamik hineinziehen lassen. Ist keine Lösung gewollt oder möglich, ist die Trennung von solch einem Mitarbeiter oft unausweichlich.

→ Übung

Überlegen Sie sich bitte, welche verschobenen Konflikte es in Ihrem Arbeitssystem möglicherweise gibt.

- Was müsste zur Sprache gebracht werden?
- Wer sind die Konfliktakteure?
- Wer sind die eigentlichen Konfliktträger?
- Wer müsste initiativ werden?
- Welche Verantwortung tragen Sie selbst dabei?

Was tun bei verschobenen Konflikten?

Das Wichtigste bei verschobenen Konflikten ist, dass man ihren Ursprungskontext findet, dort den Konflikt angeht und auch nur dort einen Lösungsversuch unternimmt. Im verschobenen Kontext sind Lösungsversuche immer nur kurzfristig erfolgreich oder verpuffen völlig wirkungslos. Hier wird in Unternehmen und Organisationen viel Geld sinnlos investiert. Auch für Trainer und Berater sind Engagements, hinter denen verschobene Konflikte stehen, sehr unbefriedigend. Und nicht immer ist ein Trainer oder Berater willkommen, wenn er seine diesbezüglichen Beobachtungen (oder Hypothesen) über die eigentlichen Probleme und Konflikte mitteilt.

Was aber tun, wenn doch eine Bereitschaft besteht, die Möglichkeit eines verschobenen Konflikts zumindest in Betracht zu ziehen? Ein wertvolles Instrument zur Diagnose und Lösungsfindung, das sich seit mehr als zehn Jahren auch im Methodenrepertoire der Autoren befindet, sind Systemaufstellungen. Die relevanten Teile des Arbeitssystems werden hier mit neutralen Repräsentanten (die keine Aktien im konkreten Fall haben) in Beziehung gestellt, und unter Anleitung eines Aufstellungsleiters wird nach Ursachen und Lösungsoptionen Ausschau gehalten.

8 Das Business-Enneagramm als Werkzeug für das Konfliktmanagement

Im abschließenden Kapitel wollen wir Sie mit dem Business-Enneagramm als Werkzeug vertraut machen. Wir setzen es seit über 20 Jahren erfolgreich in unserer Tätigkeit als Trainer und Berater ein.

- Zum einen kann es der Konfliktfrüherkennung und Konfliktprävention dienen, denn es zeigt deutlich die unterschiedlichen wunden Punkte der einzelnen Persönlichkeitsprofile auf. Diese gilt es im Kontakt zu meiden.
- Zum anderen erhalten Sie gezielte Informationen, was Sie im Konfliktfall im Umgang beachten sollten, wenn Ihnen an einer Lösung gelegen ist und Sie eine Eskalation vermeiden wollen, denn auch das Verhalten im Konfliktfall folgt oft mustertypischen Automatismen. Sie können dieses Wissen auch in der Rolle des Konfliktmoderators effektiv nutzen.

→ Menschen sind wie Flugzeuge – zu 80 Prozent auf Autopilot eingestellt.

Gerhard Roth, einer der führenden deutschen Hirnforscher, fasst den aktuellen Wissensstand über die Persönlichkeitsentwicklung mit aller Vorsicht so zusammen: „Im strengen Sinne genetisch determiniert scheint die Persönlichkeit zu 40 bis 50 Prozent zu sein; ca. 30 – 40 Prozent gehen auf das Konto von Prägungs- und Erlebnisprozessen im Alter zwischen 0 und 5 Jahren. Nur zu etwa 20 Prozent scheint die Persönlichkeitsstruktur durch spätere Erlebnisse und durch elterliche und schulische Erziehung beeinflusst zu werden. Allgemein scheint zu gelten, dass eine Person in ihrer Persönlichkeit eher ‚ausreift', als dass sie sich aufgrund von Umwelterfahrungen in ihrem Kern ändert, …"

Vor allem diese 80 Prozent unserer Persönlichkeit (unseren „Autopiloten") können Persönlichkeitsmodelle gut beschreiben. Unsere Persönlichkeit besteht jedoch aus mehr als unserem Autopiloten: in späteren Phasen Anerzogenes, freiwillig und unfreiwillig Gelerntes und jede Menge kreativer Eigenleistungen fließen ineinander und machen aus jedem einen einzigartigen Menschen.

8.1 Neun Strategien zur Erfüllung zentraler Bedürfnisse

Das Enneagramm basiert auf der Grundannahme, dass drei zentrale Motive oder Grundbedürfnisse unser psychisches Wohlbefinden bestimmen:

- Selbstbestimmung
- Anerkennung
- Sicherheit

Um einzelne Persönlichkeitsprofile deutlich und trennscharf voneinander unterscheiden zu können, müssen diese drei Grundausrichtungen weiter differenziert werden. Das gelingt am besten, wenn man sich die unterschiedlichen Strategien vergegenwärtigt, mit denen die drei Bedürfnislagen sichergestellt werden können. Schließlich gibt es nicht nur einen Weg, wie man sich z.B. Anerkennung verschaffen kann. Es gibt offene und direkte, aber auch verdeckte und verschlungene Wege, die jedoch nicht minder zielführend sein können.

In der Typologie des Enneagramms werden für die drei zentralen Motive jeweils drei Strategien der Sicherstellung unterschieden. Damit ist für unsere Zwecke sowohl ein hinreichend feiner als auch praktikabler Differenzierungsgrad erreicht.

Selbstbestimmung als zentrales Motiv

Es werden drei Hauptorientierungen zur Sicherung der Selbstbestimmung unterschieden, die fokussiert sind auf folgende Themen:

Macht	Handeln, Kontrolle und die Durchsetzung des eigenen Willens sollen die Selbstbestimmung bewahren.
Konsens	Verständnis, Ausgleich und Anpassung sollen die Selbstbestimmung bewahren.
Prinzipien	Regeleinhaltung, Fehlervermeidung und Selbstkontrolle sollen die Selbstbestimmung bewahren.

Anerkennung als zentrales Motiv

Auch beim zentralen Motiv der Anerkennung können drei verschiedene Hauptorientierungen unterschieden werden, die auf folgende Themen fokussiert sind:

Beziehungen	Geben, Helfen und Beraten bringen Anerkennung.
Wettbewerb	Leistung und Erfolg im Wettbewerb sorgen für Anerkennung.
Gefühle	Authentizität und ein unverwechselbarer Stil verschaffen Anerkennung.

Sicherheit als zentrales Motiv

Gleiches gilt analog für das zentrale Motiv der Sicherheit, deren drei Hauptorientierungen fokussiert sind auf folgende Themen:

Gedanken	Beobachten, Denken und Abstand halten geben Sicherheit.
Probleme	Probleme, Risiken und Gefahren aufspüren und bewältigen gibt Sicherheit.
Genuss	Optimismus, positives Denken und Wahlmöglichkeiten geben Sicherheit.

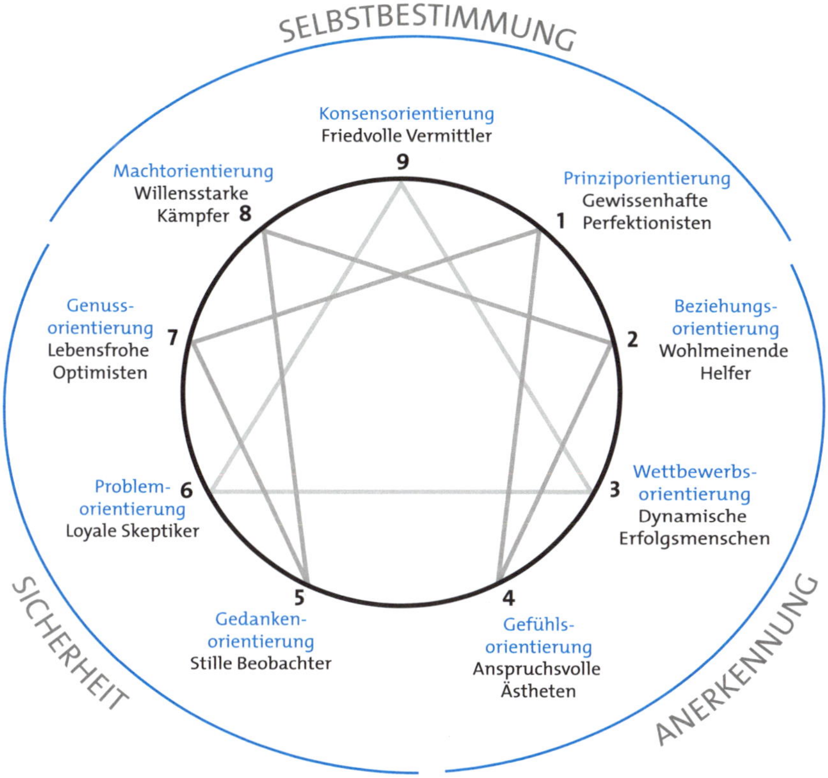

Das Business-Enneagramm

→ Selbstreflexion

Im Folgenden finden Sie eine erste kleine Checkliste zu Ihrer Selbsteinschätzung. Das Ergebnis kann für Sie ein erster Wegweiser sein, um Ihr eigenes Persönlichkeitsprofil ausfindig zu machen.

Mit den darin enthaltenen Kurzbeschreibungen sind jeweils die Tiefenstrukturen eines Menschen angesprochen – also fest eingeprägte Gewohnheiten (die 80 Prozent Autopilot), deren Kennzeichen es ist, dass wir sie nicht so leicht abstreifen können. Das ist etwas anderes als die Feststellung, dass man über diese oder jene Eigenschaft manchmal auch verfügt. Es steht außer Zweifel, dass wir alle viele Facetten aufweisen. Es macht aber einen fundamentalen Unterschied, ob ich feststelle, dass ich durchaus optimistisch eingestellt bin (das können viele Menschen zu Recht von sich behaupten) oder ob mein Optimismus sich in meinem Leben insgeheim als (Über-)Lebensstrategie herausstellt.

Konzentrieren Sie sich also darauf, was Sie „im Kern" ausmacht, wie Sie innerlich „ticken". Und differenzieren Sie, was im Gegensatz dazu nur eine weitere und interessante Facette von Ihnen darstellt.

In der Checkliste finden Sie neun Sichtweisen, wie Menschen sich selbst wahrnehmen. Kurz und prägnant geben wir neun Hauptorientierungen an und beschreiben wesentliche Charaktermerkmale von neun Persönlichkeitsprofilen in maximal 20 Worten. Welche der Aussagen treffen auf Sie in besonderem Maße zu?

Und was würde der Mensch, der Sie am besten kennt, wohl eintragen? Versetzen Sie sich einmal in ihn oder sie hinein oder fragen Sie persönlich nach und tragen Sie das Ergebnis in die Spalte (Fremdbild) ein.

	Hauptorientierungen der neun Persönlichkeitsprofile das Wesentliche in 20 Worten	Selbstbild	Fremdbild
Selbstbestimmung	Machtorientierung – Willensstarke Kämpfer ... ... sind energiegeladen, durchsetzungsstark und sagen ihre Meinung offen und direkt, auch wenn sie damit anecken.		
	Konsensorientierung – Friedvolle Vermittler ... ... sind ausgleichend, haben Verständnis für die Positionen anderer und lassen die Dinge gern auf sich zukommen.		
	Prinzipienorientierung – Gewissenhafte Perfektionisten ... ... bringen einen hohen Einsatz, um eine Sache immer noch zu verbessern. Auch kleine Fehler und Mängel stören.		
Anerkennung	Beziehungsorientierung – Wohlmeinende Helfer ... ... haben ein gutes Gespür für die Sorgen und Nöte anderer und unterstützen gern mit Rat und Tat.		
	Wettbewerbsorientierung – Dynamische Erfolgsmenschen ... ... sind zielorientiert, voller Schwung und bringen eine hohe Leistung, um aus dem Wettbewerb als Sieger hervorzugehen.		

Anerkennung	**Gefühlsorientierung – Anspruchsvolle Ästheten ...** ... sind sensibel, loten die Extreme des Gefühlslebens aus und haben ein ausgeprägtes Empfinden für Stil und Ästhetik.		
Sicherheit	**Gedankenorientierung – Stille Beobachter ...** ... betrachten die Welt und andere Menschen lieber aus der Distanz, analysieren und philosophieren über Grundsätzliches.		
	Problemorientierung – Loyale Skeptiker ... ... entdecken schnell mögliche Risiken und Gefahren und sind stets vorausschauend darum besorgt, dass nichts schiefgeht.		
	Genussorientierung – Lebensfrohe Optimisten ... ... verbreiten gute Laune, freuen sich an den schönen Dingen des Lebens und halten sich viele Möglichkeiten offen.		

++ das trifft voll auf mich zu
\+ das trifft auf mich auch oft zu
o dazu habe ich keine besondere Resonanz
– das entspricht mir weniger
–– das ist mir sehr fremd

Hinweise zur Auswertung:

→ Ergeben Selbst- und Fremdbild ein Doppelplus, dann ist die Wahrscheinlichkeit sehr hoch, dass Sie Ihr Persönlichkeitsprofil gefunden haben. Gibt es diese Bewertung mehrfach, ist eine Detailprüfung erforderlich.
→ Ergeben Selbst- und Fremdbild eine Negativbewertung, dann können Sie diese Persönlichkeitsprofile guten Gewissens ausschließen.
→ Sind Selbst- und Fremdbild positiv bis neutral, dann sollten Sie dieses Persönlichkeitsprofil zumindest im Auge behalten und eingehender prüfen.
→ Ergibt das Selbstbild Zustimmung, das Fremdbild aber Ablehnung, dann kommt in Ihrer Bewertung vielleicht mehr ein Wunsch zum Ausdruck, wie Sie gern sein möchten oder was Ihnen guttäte.
→ Ergibt das Selbstbild Ablehnung, das Fremdbild aber Zustimmung, dann ist es möglich, dass hier Ihr „blinder Fleck" berührt wurde. Prüfen Sie die Fremdeinschätzung gründlich, bevor Sie sie verwerfen.

8.2 Die Enneagrammprofile

Aus der vorhergegangenen Übung haben Sie vielleicht schon eine Hypothese gewonnen, welcher Autopilot bei Ihnen dominiert. Studieren Sie nun die nachfolgenden neun Steckbriefe, um diese erste Selbsteinschätzung zu vertiefen. Vielleicht bestätigt sich die erste Annahme, vielleicht entdecken Sie aber auch eine neue Spur.

Prüfen Sie jeweils, wie stark Sie sich mit dem jeweiligen Autopiloten identifizieren können (zwischen 0 und 100 Prozent).

Enneagrammprofil 1	Perfektionisten – Reformer – Planer – Kritiker – Mr./Mrs. 100 Prozent
Der Autopilot ist programmiert auf	Perfekte Organisation – Fehlervermeidung – Reformen – Optimierung von Regeln und Verfahren
Aufmerksamkeitsfokus	Um jeden Preis alles richtig machen, niemals die Selbstkontrolle verlieren
Die Weltsicht	Die Welt ist unvollkommen, gut ist nicht gut genug, ohne Einsatz für Werte, Normen und Strukturen droht das Chaos
Der blinde Fleck	Auch unvollkommene (unorthodoxe) Wege können zu einem guten Ergebnis führen
Talente	→ Ordnungssinn, Pflichtbewusstsein, Pünktlichkeit, Organisationstalent → Schaffung und Verbesserung sinnvoller Strukturen, Regeln und Abläufe → Sinn für zukunftsweisende Reformen und Qualitätssicherung
Kommunikationsverhalten	→ Hoch entwickelter kritischer Verstand, TÜV-Blick, stehen oft unter Strom → Die Modalverben „müssen" und „sollen" haben Hochkonjunktur → Neigen zum Belehren und Moralisieren, verspannte Haltung
Defizite	→ Fehlertoleranz und Delegation fallen schwer, das erzeugt Zeitstress → Machen zu starre Vorgaben, die anderen kaum Spielräume lassen → Versuchen, andere gegen ihren Willen zu besseren Menschen zu erziehen
Verhalten unter Dauerstress	→ Die hohe Selbstkontrolle versagt und sie schwanken unberechenbar zwischen Selbstmitleid und ungezügeltem Hass auf alles Unvollkommene
Entwicklungspotenziale	→ Mehr loben und weniger tadeln; Lernen, über sich selbst zu lachen → Genießen, entspannen und fünf mal gerade sein lassen → Den Sinn schärfen für das Optimum zwischen Aufwand und Ertrag

Enneagrammprofil 2	Helfer – Unterstützer – Ratgeber – Beziehungsmanager – Mr./Mrs. Unentbehrlich
Der Autopilot ist programmiert auf	Bedürfnisse – Menschen einbinden – Beziehungen pflegen – Potenziale fördern – gebraucht werden
Aufmerksamkeitsfokus	Die Bedürfnisse und Nöte anderer, das Zwischenmenschliche
Die Weltsicht	Niemand hilft so gut wie ich
Der blinde Fleck	Die eigenen Bedürfnisse und die Fähigkeit zur Selbsthilfe bei anderen erkennen und akzeptieren
Talente	→ Sind mitfühlend und unterstützen mit Rat und Tat → Gute Intuition für Beziehungsgefüge → Fördern andere bei der Entfaltung ihrer Talente
Kommunikationsverhalten	→ Sehr kommunikativ und warmherzig im vertrauten Bereich → Zurückhaltend und mit Anlaufschwierigkeiten in einer fremden Umgebung → Schmeichelnder Ton, bei Sympathie wird schnell Körperkontakt gesucht
Defizite	→ Powern sich schnell aus, da wenig Kontakt zu den eigenen Bedürfnissen → Der Fokus auf Beziehungen trübt den Blick für Logik und Sachargumente → Handlungsschwach, wenn wichtige Beziehungen gefährdet erscheinen
Verhalten unter Dauerstress	→ Befehlston und Gefühlskälte, wenn andere sich abwenden → Klagen an, wenn die Selbstaufopferung dauerhaft nicht (oder nicht mehr) gewürdigt wird
Entwicklungspotenziale	→ Eigene Bedürfnisse erkennen und ausleben, egal ob es anderen gefällt → Fähigkeit zur Abgrenzung entwickeln, sonst besteht Burn-out-Gefahr → Robuster werden, Kritik und Angriffe aushalten und abwehren

Enneagrammprofil 3	Erfolgsmenschen – Zielorientierte – Siegertypen – Verkäufer – Mr./Mrs. Top-Performance
Der Autopilot ist programmiert auf	Wettbewerb – Leistung – Erfolg – Ziele – Status – Effektivität – Effizienz – Prestige
Aufmerksamkeitsfokus	Ist meine Performance exzellent? Welche Ziele versprechen Gewinn? Welchen Nutzen bringt ihre Erreichung?
Die Weltsicht	Nur Leistung führt nach ganz oben, der zweite Sieger ist der erste Verlierer
Der blinde Fleck	Eigene Gefühle, eigene Defizite, der Wert von Menschen an sich ohne Leistungsmaßstäbe
Talente	→ Präsentation und Marketing, Lust auf Führungspositionen → Gespür für Trends und die guten Geschäfte von morgen, Unternehmergeist → Multi-Tasker, können aber auch alle Energie auf das Wichtigste bündeln
Kommunikationsverhalten	→ Verstehen es, Themen und sich selbst gut und charmant in Szene zu setzen → Flexibel, spontan, wendig, antizipieren schnell die Publikumserwartung → Motivierende Sprache, Superlative, gestikulierend, einpeitschend
Defizite	→ Blenden die eigenen Gefühle aus, halten Stille und Nichtstun nur schwer aus → Mangel an Authentizität; Opportunismus, das Ziel rechtfertigt die Mittel → Starker Drang in den Mittelpunkt, neigen zu Profilierung auf Kosten anderer
Verhalten unter Dauerstress	→ Bricht die perfekte Fassade zusammen, folgt Antriebslosigkeit → Ziele erscheinen sinnlos, betäuben sich, um nichts mehr spüren zu müssen
Entwicklungspotenziale	→ Sich die Sinnfrage zu stellen bei allem, was sie tun oder erreichen möchten → Entschleunigen, weniger Aktionismus, Work-Life-Balance → Nicht alles können müssen, Verlieren (spielerisch) erlernen

Enneagrammprofil 4	Ästheten – Individualisten – Leidenschaftliche – Intensive – Mr./Mrs. Special Project
Der Autopilot ist programmiert auf	Das Besondere – Echtheit – individueller Stil – Schönheit – intensive Erfahrungen – Leidenschaft
Aufmerksamkeitsfokus	Das, was fehlt (oder ich verloren habe), um wirklich glücklich zu sein
Die Weltsicht	Niemand versteht mich wirklich, woanders wäre ich vielleicht glücklich
Der blinde Fleck	Das stille kleine Glück im Gewöhnlichen und der Wert des Alltäglichen
Talente	→ Sinn für Stimmigkeit, Authentizität und Einzigartigkeit → Kreativität, künstlerischer Ausdruck, hohes schöpferisches Potenzial → Gute Begleiter für andere in existenziellen Krisen
Kommunikationsverhalten	→ Achten sehr auf professionelles Auftreten mit persönlicher Note → Kommunizieren oft indirekt, sagen Dinge durch die Blume → Sprache betont bedeutungsvoll, oft mit melancholischem Unterton
Defizite	→ Mangelnde Präsenz im Augenblick, das Gefühl nicht zu genügen → Abwertung des Normalen, Gewöhnlichen, Alltäglichen → Selbstverliebtheit, auch in Schmerz und Leid
Verhalten unter Dauerstress	→ Selbstaufopferung bis zur Selbstaufgabe → Hängen sich wie eine Klette an andere, die sie vermeintlich brauchen → Lassen mit ihrer Intensität keine Luft zum Atmen mehr
Entwicklungspotenziale	→ Entwicklung von Prinzipientreue und Strukturen → Verbindlichkeit und Zuverlässigkeit unabhängig von der Stimmung → Steigerung der Alltagspräsenz, Ordnung schaffen im Gefühlschaos

Enneagrammprofil 5	Beobachter – Strategen – Denker – Theoretiker – Mr./Mrs. Independent
Der Autopilot ist programmiert auf	Übersicht gewinnen – logisch denken – verstehen – Wissen schaffen – strategisch handeln
Aufmerksamkeitsfokus	Meine Zeit, meinen Raum, meine Energie sichern und unabhängig bleiben
Die Weltsicht	Die Welt zu beobachten ist spannend, teilnehmen ist oft anstrengend
Der blinde Fleck	Das Eingebundensein und die Verantwortung für das Gemeinsame
Talente	→ Objektive Haltung, Überparteilichkeit, Sachorientierung → Strukturiertes Denken, Delegation, strategische Planung, Weitsicht → Deduktiv-analytische Begabung, theoriestark, hohes Abstraktionsvermögen
Kommunikationsverhalten	→ Kommunizieren knapp und präzise, sind fokussiert auf das Wesentliche → Sachliche, nüchterne Sprache, dozierender Stil → Steifheit, körperlich distanziert, trockener britischer Humor
Defizite	→ Denken lieber anstatt zu handeln, beziehen nicht gern auf Druck Stellung → Mangel an Mitgefühl durch die Entkoppelung von Gedanken und Gefühlen → Schnelle Überforderung, wenn das Gegenüber emotional reagiert
Verhalten unter Dauerstress	→ Entwickeln hektische Betriebsamkeit, werden unkonzentriert und sprunghaft → Reagieren gereizt und aggressiv auf Beschränkungen und Anforderungen
Entwicklungspotenziale	→ Großzügiger, uneigennütziger und spontaner werden → Parallel zum Denken rechtzeitig handeln und Verantwortung übernehmen → Auskunft geben über sich und die eigenen Gefühle

Enneagrammprofil 6	Loyale Skeptiker – Bedenkenträger – Vorsichtige – Detektive – Mr./Mrs. Advocatus Diaboli
Der Autopilot ist programmiert auf	Gefahren – Risiken – Probleme – zweifeln – hinterfragen – absichern – vorbeugen
Aufmerksamkeitsfokus	Alles, was schiefgehen könnte und wie sich dies verhindern ließe
Die Weltsicht	Die Welt ist ein gefährlicher Ort – wer überleben will, muss wachsam sein
Der blinde Fleck	Anerkennen, was gut läuft, an das Gute im Gegenüber glauben
Talente	→ Gute Problemmanager, risikobewusst und präventiv agierend → Hervorragende Analytiker, finden die Stecknadel im Heuhaufen → Loyal, pflichtbewusst, Krisenmanagement, Fähigkeit zum Multitasking
Kommunikationsverhalten	→ Hinterfragen, wollen die verborgenen Absichten des Gegenübers erkunden → „Ja-aber"-Haltung, lassen sich Bedenken nicht ausreden → Checken das Gegenüber auf Vertrauenswürdigkeit und Kompetenz
Defizite	→ Schauen zu wenig auf das Gelingende, übersteigern Bedrohungen → Werden nervös, wenn alles (zu) gut läuft und verstärken dann Probleme → Loben zu wenig und geben zu wenig Vertrauensvorschuss
Verhalten unter Dauerstress	→ Zweifel werden ausgeblendet, kopfloser Aktionismus → Schaumschlägerei und Wahrung der Fassade um jeden Preis
Entwicklungspotenziale	→ Angemessene Würdigung dessen, was gut läuft, eine positive Sprache → Auf „Ja-aber"-Sätze verzichten, Lust am kontinuierlichen Erfolg entwickeln → Das Gespür für den richtigen Zeitpunkt der Bedenken schärfen

Enneagrammprofil 7	Optimisten – Visionäre – Innovatoren – Genießer – Mr./Mrs. Win-win
Der Autopilot ist programmiert auf	Möglichkeiten – das Positive – Genießen – Freude – Prozesse – Neuerungen – Alternativen
Aufmerksamkeitsfokus	Alles, was Spaß macht im Leben, das Neue und Unbekannte
Die Weltsicht	Das Leben ist zu kurz, um sich mit langweiligen Dingen zu belasten
Der blinde Fleck	Ausweichen vor dem Unangenehmen, das Verbindliche, Tiefgang bei Schmerzhaftem oder Problematischem
Talente	→ Spontaneität, Innovation, Initiative, Entdeckergeist → Kommunikation, Motivation, Begeisterung, Lachen → Wehrhaftigkeit, sich nicht unterkriegen lassen, Lösungsorientierung
Kommunikationsverhalten	→ Betonen das Positive an allen Dingen, auch an problematischen → Blumige Sprache, idealisieren, verbreiten eine positive Stimmung → Erzählen gern Geschichten, lieben Optionen, schaffen Alternativen
Defizite	→ Unverbindlichkeit, Oberflächlichkeit, weichen bei kritischen Dingen gern aus → Deuten Negatives in Positives um, idealisieren Banalitäten → Meiden Konflikte und Tiefgang bei Unangenehmem
Verhalten unter Dauerstress	→ Werden pedantisch, oberlehrerhaft und streng → Weisen Schuld zu und verbreiten eine gereizte Atmosphäre
Entwicklungspotenziale	→ Nüchterner, verbindlicher und klarer werden, das Wesentliche erkennen → Mehr Abstand gewinnen und sich mehr Zeit zum Nachdenken nehmen → Eigene Fehler und Schuld unumwunden eingestehen

Enneagrammprofil 8	Kämpfer – Bosse – Machtmenschen – Beschützer– Bad Guys/Bad Girls
Der Autopilot ist programmiert auf	Macht – Einfluss – Kontrolle – Gerechtigkeit – Freund/Feind – Mein Wille geschehe – Stärke
Aufmerksamkeitsfokus	Macht, Einfluss und Kontrolle ausüben, um unabhängig zu bleiben
Die Weltsicht	Das Leben ist Kampf; du musst stark sein, um zu überleben
Der blinde Fleck	Die sanfte Art, Nachgiebigkeit, Mitfühlen und Mitleid
Talente	→ Durchsetzungsvermögen, Entschlussfreudigkeit, stehen gern an der Spitze → Gehen Auseinandersetzungen nicht aus dem Weg und behaupten sich → Beschützerinstinkt, holen für andere die Kohlen aus dem Feuer
Kommunikationsverhalten	→ Sagen offen und direkt ihre Meinung, Meinungsführer, beschönigen nicht → Dominant, provokativ, handlungsorientiert, Schwarz-Weiß-Denken → Klare Anweisungen, geben gern den Ton an und haben das letzte Wort
Defizite	→ Vorschnell, vorlaut, überschreiten Grenzen, ohne es zu merken → Uneinsichtigkeit, Selbstgerechtigkeit, Rachsucht → Unbeugsam, lassen sich nicht gern etwas sagen, manipulieren
Verhalten unter Dauerstress	→ Lassen den Rollladen runter und ziehen sich zurück, Isolation → Stellen die Kommunikation ein, bisherige Gefolgsleute wenden sich ab
Entwicklungspotenziale	→ Geduld und Einfühlungsvermögen entwickeln → Beratung und Hilfe suchen und annehmen, sich fügen lernen → Verantwortung teilen, offen mit den eigenen Schwächen umgehen

Enneagrammprofil 9	Vermittler – Konsenssucher – Verständnisvolle – Diplomaten – Mr./Mrs. Kompromiss
Der Autopilot ist programmiert auf	Ausgleich der Interessen – Brücken bauen – Selbstständigkeit – das große Ganze – Gerechtigkeit
Aufmerksamkeitsfokus	Das Verbindende, das Gemeinsame, das „Sowohl-als-auch"
Die Weltsicht	Alle Positionen haben etwas Berechtigtes und sollten gehört werden
Der blinde Fleck	Der eigene Wille, das Unvereinbare, das Trennende
Talente	→ Gute Zuhörer, Unvoreingenommenheit, Toleranz, Selbstlosigkeit → Geduldig, Ruhe bewahrend, ausgleichend, Kompromisse suchend → Lassen anderen Freiräume für die eigene Entfaltung
Kommunikationsverhalten	→ Freundliche Art, sanft, wohlwollend, anpassungsfähig → Gehen auf das Gegenüber ein, hören gut zu und bedrängen nicht → Lassen andere Meinung gelten, manchmal ausufernd, neigen zu Exkursen
Defizite	→ Tun sich schwer, den eigenen Standpunkt zu finden und sich zu behaupten → Phlegma, Verzettelung, Sturheit → Meiden den Mittelpunkt, weichen Konflikten aus, wollen es allen recht machen
Verhalten unter Dauerstress	→ Hinterfragen jeden Handlungsimpuls, sehen schwarz und handeln nicht mehr → Unterstellen anderen böse Absichten und neigen zu Überreaktionen
Entwicklungspotenziale	→ Willensstärker werden, Prioritäten setzen, Verbindlichkeit → Selbstbewusster auftreten, das eigene Licht nicht unter den Scheffel stellen → Konfliktfähiger werden und den Mittelpunkt als Herausforderung annehmen

Werkzeug 28: Das typische Konfliktverhalten der Enneagrammprofile

In der folgenden Übersicht ist das Konfliktverhalten der neun Enneagrammprofile jeweils in vier typischen Punkten zusammengefasst. Diese werden vor allem in den Anfängen von Konfliktsituationen oft gezeigt. Es handelt sich dabei um Autopilotreaktionen. Andere Menschen unterstellen jedoch oft Vorsatz.

→ Übung

Lesen Sie die Übersicht und überprüfen Sie, welches Konfliktverhalten Sie am häufigsten zeigen, wenn Sie Ihrem Gewohnheitsstil folgen.

Perfektionisten	→ Perfektionisten regen sich schnell auf. Sie versuchen jedoch, sich zu kontrollieren. → Steigen sie dann in die Auseinandersetzung ein, sind sie schon sehr geladen. → Sie wollen unbedingt Recht behalten und ereifern sich, wenn andere das nicht einsehen. → Ihnen fehlt es in Konfliktsituationen oft an Abstand und Kompromissbereitschaft.
Helfer	→ Helfer neigen dazu, Konflikte zu personifizieren; sachliche Betrachtungen fallen schwer. → Spannungen im Team mit Menschen, die ihnen wichtig sind, sind kaum zu ertragen. → Nach außen sind sie konfliktscheu, es sei denn, sie fühlen sich im Team sicher und anerkannt. → Ihre Neigung, sich in fremde Konflikte einzumischen, verschlimmert diese oft noch.
Erfolgsmenschen	→ Wenn Erfolgsmenschen etwas verlieren könnten, reagieren sie entschlossen und mit Biss. → Sie wechseln bei Konflikten manchmal die Fronten und laufen zur Siegerseite über. → Haben sie verloren und stehen schlecht da, möchten sie sich am liebsten in Luft auflösen. → Geschäftliche Konflikte lassen sich leichter managen als private, vor allem wenn es um Gefühle geht.
Ästheten	→ Ästheten schwanken auch in ihrem Konfliktverhalten sehr stark. → In der einen Situation klagen und jammern sie und verstecken sich schamhaft. → In der anderen kämpfen sie verbissen und behaupten sich gegen stärkste Widerstände. → Ästheten müssen aufpassen, dass sie sich nicht zum Nabel des Konfliktes machen.

Beobachter	→ Wenn Beobachter am Konflikt nicht selbst beteiligt sind, sind sie gute Schiedsrichter. → Sind sie jedoch betroffen, neigen sie dazu, auf eine Metaposition auszuweichen. → In vielen Fällen erklären sie sich für nicht zuständig und entziehen sich so einer Auseinandersetzung. → Beobachter neigen aufgrund ihrer Distanz in Konflikten zu messerscharfen Urteilen.
Loyale Skeptiker	→ Skeptiker sind in Konfliktsituationen oft besonders wach und präsent. → Ihr hohes Sicherheitsbedürfnis sucht den Weg zurück in ruhige Gewässer. → Zugleich steht ihre pessimistische Art einer Konfliktlösung aber auch im Wege. → Die Lösungsvorschläge von Skeptikern sind zwar oft genial, aber auch (zu) kompliziert.
Optimisten	→ Optimisten weichen drohenden Konflikten gern aus (durch Orts- oder Themenwechsel). → Ist ein Konflikt doch unausweichlich, handeln sie nach der Devise „Augen zu und durch". → Oder sie wenden die unangenehme Seite des Konflikts und sehen das Positive daran. → Geschieht die Konfliktaustragung auf spielerische Art (Win-win-Prinzip), sind sie dabei.
Kämpfer	→ Kämpfer scheuen keine Konflikte. Sie provozieren sie oft geradezu. → Wie ein Boxer verfügen sie über Qualitäten im Austeilen und Einstecken. → Es geht bei ihnen um Macht und Dominanz. Schuld am Konflikt ist erst einmal der andere. → Kämpfer sollten in Konfliktsituationen kompromissbereiter und diplomatischer werden.
Vermittler	→ Vermittler sind konfliktscheu, ja geradezu harmoniesüchtig. Sie lassen sich zu viel bieten. → Sie verzichten lieber auf eine eigene Position, als Ärger zu riskieren. → Vermittler entschuldigen sich auch noch dafür, wenn sie mal (zu Recht) ärgerlich wurden. → Zwingt man sie zu etwas, was sie partout nicht wollen, können sie jedoch explodieren.

8.3 Der Konflikt-Check für die Enneagrammprofile

Nach dieser ersten Übersicht zum Thema „typisches Konfliktverhalten" wollen wir nun die neun Enneagrammprofile einem systematischen Konflikt-Check unterziehen. Wie verhalten sie sich in den verschiedenen Phasen unseres Konfliktmodells? Wir konzentrieren uns dabei auf die Phasen 1 bis 4, denn mit zunehmender Eskalationstendenz werden die Verhaltensweisen erfahrungsgemäß immer ähnlicher.

Struktur für den Konflikt-Check:

- Verhalten in der Orientierungsphase
- Verhalten in der Irritationsphase (mit welchem Verhalten irritieren sie andere; was sind ihre wunden Punkte; wie verhalten sie sich, wenn diese getroffen werden und was sollte man im Kontakt dann beachten)
- Feedbackverhalten (als Empfänger und als Sender)
- Verhalten in der Konfliktphase
- Der Autopilot in der Mediation

Alle Enneagrammprofile verfügen über eine Grundausstattung, die sich in der Rolle als Mediator gut nutzen lässt. Sie haben aber auch ihre typischen Schwächen, die ihnen dabei zu Stolpersteinen werden können. Wir analysieren, wie die neun Autopiloten in Bezug auf die Grundanforderungen an die Rolle des Mediators aufgestellt sind: Achtung der Selbstbestimmung, Wahrung der Vertraulichkeit, Neutralität, Allparteilichkeit sowie die Beschränkung auf die Prozessverantwortung. Menschen, die ihre Schwächen als persönliche Entwicklungsaufgabe begreifen und diszipliniert ans Werk gehen, werden zu hervorragenden Mediatoren – unabhängig von ihrem Autopiloten.

Profil 1 – Gewissenhafte Perfektionisten im Konflikt-Check

In der Orientierungsphase geben sich Perfektionisten zurückhaltend freundlich. Sie loten aus, welche Regeln und welcher Verhaltenskodex im neuen Umfeld gültig sind und versuchen, beides bestmöglich zu erfüllen. Fehlervermeidung hat dabei oberste Priorität. Taktgefühl bedeutet für Perfektionisten: Höfliche Aufmerksamkeit, bloß keine Peinlichkeiten, kein Fettnäpfchen erwischen und niemandem zu nah auf die Pelle rücken. Perfektionisten brauchen tendenziell eine längere Zeit, um sich zu orientieren. Sie müssen erst genau wissen, was von ihnen erwartet wird, was ihre Aufgaben sind und wie sie sich an den Schnittstellen organisieren müssen. Deshalb dauert diese Phase bei ihnen gern auch bis zu sechs Monaten. Was Perfektionisten in der Orientierungsphase nicht zeigen, ist ihre kontrollierende, strenge und besserwisserische Seite.

Dies geschieht nun in der Irritationsphase erstmals und andere sind überrascht, welche Härte und welch missionarischer Eifer bei Perfektionisten jetzt gelegentlich zu Tage tritt. Ihre Art zu kontrollieren, und sei es nur mit Blicken, wird nun offensichtlich. Darauf müssen sich alle im Umfeld erst einstellen.

Die wunden Punkte von Perfektionisten	Wenn Perfektionisten sich gepiekst fühlen, reagieren sie oft so ...	Wenn man sich ihnen dann nähert, sollte man auf Folgendes achten ...
Wenn sie kritisiert werden	Knappe Statements, scharfer Ton, Verteidigung aus Prinzip	Annäherung mit einem Problemlösungsgedanken versuchen; eigene Versäumnisse einräumen
Wenn man ihnen die Gefolgschaft verweigert	Sie erheben Anschuldigungen an falsche Adressen	Begründen Sie Ihre Haltung und geben Sie ihnen ausreichend Zeit, ihre Gefühle zu durchdenken
Nicht abgesprochene Planänderungen	Sie sind fassungslos ob dieser Eigenmächtigkeit; sie äußern ihre Wut nonverbal, pochen auf Regeln und führen Grundsatzdebatten	Sorgen Sie für Struktur im Gespräch; legen Sie Ihre Gründe und Motive offen
Wenn sie sich getäuscht fühlen	Sie schweigen mit funkelnden Augen, drohen mit Sanktionen oder explodieren	Lassen Sie Perfektionisten zuerst reden, räumen Sie mögliche Missverständnisse aus; benutzen Sie keine be- oder verurteilenden Formulierungen

Im Feedbackverhalten sind Perfektionisten sehr sachorientiert. Gefühle haben im beruflichen Kontext erst einmal nichts zu suchen. Als Empfänger von Feedback fürchten sie immer, etwas falsch gemacht zu haben. Deshalb ist es wichtig, ihnen vorab Informationen über das Ziel, den Inhalt und die Tragweite des Feedbacks zu geben. Als Geber von Feedback kommen sie oft strenger rüber, als ihnen selbst bewusst ist. Perfektionisten bemühen sich darum, gründlich und präzise zu formulieren. Das Bemühen um Gründlichkeit und Vollständigkeit kann aber auch zu Weitschweifigkeit führen. Sie neigen zu einer bewertenden, urteilenden Sprache, in der die Modalverben „müssen" und „sollen" Hochkonjunktur haben. Auch ihr wertender Blick und ihre steife, aufrechte Körperhaltung geben ihrem Feedback eine zusätzliche, unbeabsichtigte Härte.

Perfektionisten im Ruhezustand sind gute Zuhörer. In der Konfliktphase geht ihnen die Fähigkeit dann aber schnell verloren. Lassen sie sich auf eine Auseinandersetzung ein, sind sie oft schon ziemlich geladen, ohne dass ihnen dies bewusst ist. Sie wollen unbedingt Recht behalten und machen nur ungern Konzessionen. Auch Kompromisse fallen ihnen nicht leicht. Ist ihr Gerechtigkeitsempfinden verletzt, können sie kaum noch an sich halten (obwohl sie sich bemühen, die Selbstkontrolle zu wahren) und müssen ihrem Ärger Luft machen. In Konfliktgesprächen fällt auf, dass sie dem Gegenüber ins Wort fallen, obwohl „man das eigentlich ja nicht tut". Ihnen fehlt es an Abstand zum Geschehen. Ihr Sachohr ist stark ausgeprägt und dieses anzusprechen kann zu einem Schlüssel für das Gelingen von Konfliktgesprächen werden. Ihr Beziehungsohr ist hingegen unterentwickelt. Dies drückt sich in einer sachlichen Sprache aus, die die Gefühlsebene vernachlässigt. Wenn der Konfliktpartner ein stark emotionaler Typ ist, kann es auch passieren, dass Perfektionisten steif und schweigsam dasitzen und es nur peinlich finden, wie „man sich so gehen lassen kann".

Perfektionisten als Mediator: Gut entwickelte Perfektionisten werden als Autorität wahrgenommen, ohne autoritär werden zu müssen. Da Selbstbestimmung ihr schutzbedürftiges Grundbedürfnis ist, achten sie bei ihren Klienten in der Regel auch sehr darauf, dass deren Selbstbestimmung immer gewahrt bleibt. Geraten Perfektionisten jedoch unter Druck, geben sie diesen über ihre Sprache und Körpersprache weiter („müssen" / „sollen", strenger Blick), was den Prozess behindert. Auf die Wahrung der Vertraulichkeit kann man sich bei Perfektionisten selbst unter Druck verlassen. Perfektionisten werden sich auch stets darum bemühen, die Neutralität und Allparteilichkeit zu wahren. Und eben in diesem Bemühen liegt eine Gefahr, denn die Neigung zu bewerten, zu urteilen und zu richten ist bei keinem Enneagrammprofil so groß wie bei Perfektionisten. Deshalb fühlen sie sich meistens auch in der Rolle des Richters oder Schlichters wohler als in der des Mediators. Der Blick auf die „richtige Lösung" kann ihnen den Blick dafür verstellen, dass ihre Verantwortung ausschließlich in der Prozessverantwortung liegt und nicht in der Art oder Qualität der Lösung. Gut entwickelte Perfektionisten, die ihren urteilenden Verstand gezähmt und ihr Einfühlungsvermögen gut trainiert haben, erweisen sich hingegen als außergewöhnlich talentierte Mediatoren.

→ Übung

Reflektieren Sie Ihr berufliches Umfeld. Haben Sie in der jüngeren Vergangenheit offene oder verdeckte Konflikte mit einem Vertreter dieses Autopiloten gehabt? Haben Sie (bewusst oder unbewusst) vielleicht wunde Punkte getroffen? Haben Sie Ideen, was Sie konkret tun könnten, um den Konflikt beizulegen?

Profil 2 – Wohlmeinende Helfer im Konflikt-Check

In der Orientierungsphase geben sich Helfer reservierter, als sie ihrem Wesen nach sind. Ihre Sympathie-Antipathie-Sensoren sind hoch aktiv. Helfer wollen gemocht werden. Und so beginnen sie, Schritt für Schritt die Aufmerksamkeit von Menschen zu erregen, die in ihrem Sympathie-Kescher hängen geblieben sind. Und in diesem Kescher ist Platz für ziemlich viele Menschen. Es folgen kleine Gefälligkeiten, dezente Komplimente und persönliche Fragen. Helfer sind Beziehungsmenschen durch und durch – und diese Präferenz zeigt sich bei näherer Betrachtung bereits in der Orientierungsphase deutlich. Was Helfer in der Orientierungsphase zurückhalten, ist ihre aufdringliche, grenzüberschreitende Art: ungebeten Ratschläge zu erteilen und Dinge für andere zu tun, die andere gar nicht wollen.

Fühlen sich Helfer in ihrem neuen Umfeld wohl, verkürzt sich die Orientierungsphase stark. Bereits nach wenigen Tagen kann es sein, dass sich ein Helfer wie ein „alter Hase“ fühlt und sich auch so benimmt. Das löst bei vielen Menschen dann Irritationen aus. Es wird als anmaßend erlebt, wie Helfer Aufmerksamkeit auf sich ziehen und wie selbstverständlich sie überall mitzumischen beginnen.

Die wunden Punkte von Helfern	Wenn Helfer sich gepiekst fühlen, reagieren sie oft so ...	Wenn man sich ihnen dann nähert, sollte man auf Folgendes achten ...
Wenn ihr Engagement für selbstverständlich genommen wird	Schweigen und Schmollen	Lassen Sie sie ausführlich zu Wort kommen und hören Sie geduldig und mit voller Aufmerksamkeit hin
Wenn die Wertschätzung ausbleibt	Heftige emotionale Reaktionen, der Verstand blockiert	Stellen Sie klärende Fragen und interessieren Sie sich für ihre Gefühle
Wenn sie nicht gehört werden	Sie wirken berechnend	Teilen Sie Ihre Perspektive mit und lassen Sie gleichzeitig die Perspektive des Helfers gelten
Wenn ihr Rat oder ihre Unterstützung nicht angenommen werden oder man ihnen Rat aufdrängen will	Unsachlichkeit und Unkonzentriertheit; sie leugnen eigene Bedürftigkeit konsequent	Trennen Sie Gefühle und Gedanken in Ihrer eigenen Argumentation; das hilft Helfern, dies auch zu tun

Im Feedbackverhalten wird besonders deutlich, wie stark personenorientiert Helfer sind. Sie können gut kritisches Feedback annehmen, wenn sie sicher sind, dass die Beziehung dadurch nicht grundsätzlich belastet wird und es nur um eine momentane Störung geht. Diese wollen sie möglichst schnell wieder bereinigen. Sie selbst geben Feedback auch meistens so, dass es die Beziehung zum Empfänger (vermeintlich) nicht belastet. Helfer übersetzen potenziell schmerzhafte Botschaften in eine Sprache, die nicht wehtut. Sie verwenden viele „Weichmacher“ und Andeutungen („ein bisschen", „etwas", „irgendwie", „manchmal"), die den Hörer im Unklaren darüber lassen, worum es ganz genau geht. Sachlichkeit und auf den Punkt kommen, gehören nicht zu ihren Stärken. Wenn Helfer den Empfänger mögen, gehen sie sanft und einfühlsam vor. Ist dies nicht der Fall, können sie kühl und hart sein.

Helfer sind grundsätzlich gute Zuhörer. Sie geben anderen das Gefühl von Geborgenheit. Ihre Neigung, schnell Tipps und Ratschläge zu geben, wirkt aber oft kontraproduktiv. Helfer sind konfliktscheue Menschen, es sei denn, sie fühlen sich im Team sicher und akzeptiert. In der Konfliktphase dominiert ihr verletztes Beziehungsohr die gesamte Situation und Gefühle geben den Ton an. Sachliche Argumente werden überhört oder vom Tisch gefegt. Helfer müssen hart daran arbeiten, in Konfliktsituationen ihr Sachohr zu aktivieren. Wenn der Konfliktpartner ein sachlich-rationaler Typ ist, der auf dem Beziehungsohr schlecht hört, facht dies die Situation zusätzlich an und eine Eskalation ist wahrscheinlich. „Wie kann man nur so gefühlskalt sein?" Ihre Art, sich in fremde Konflikte einzumischen (aus Sympathie zu den Streitenden), verschärft manchen Konflikt eher, als dass sie zu einer Lösung beiträgt.

Helfer als Mediator: Gut entwickelte Helfer werden als Mediatoren mit feinen Sensoren für das Zwischen- und Mitmenschliche wahrgenommen. Sie haben gelernt, sich zurückzuhalten und den richtigen Moment abzuwarten, bevor sie Tipps und Ratschläge geben. Der achtsame Umgang mit dem Bedürfnis der Konfliktparteien nach Selbstbestimmung ist die anspruchsvollste Aufgabe für Helfer auf dem Weg zu einem hervorragenden Mediator. Als solcher sind sie in Kontakt mit ihren Bedürfnissen und tun selbst etwas dafür, diese zu befriedigen. Sie brauchen ihre Klienten dafür nicht. Sie sind autonomer in Beziehungen geworden und können gut damit umgehen, wenn jemand sie nicht mag. Helfer neigen von Natur aus dazu, die Körpersprache ihres Gesprächspartners zu „spiegeln". Dies lässt sich mit etwas Feinschliff hervorragend in Einzelgesprächen nutzen. Vertraulichkeit ist Helfern wichtig. Es fällt ihnen aber schwer, eine Information diskret zu behandeln, wenn sie doch einer Konfliktlösung oder dem Wohlbefinden der Beteiligten dienen könnte.

Helfer haben eine starke Neigung, ihren Sympathiesensoren zu folgen. Sie haben ihre Lieblinge. In der professionellen Rolle des Mediators kann man sich dies nicht leisten. Gut entwickelte Helfer können diese Neigung kontrollieren und haben sie in eine Stärke umgewandelt: Sie lieben auch jene, die sie auf den ersten Blick nicht mögen. Sich mit der Prozessverantwortung zu bescheiden und die Lösungsverantwortung ganz bei den Klienten zu lassen, ist eine weitere große Herausforderung für Helfer. Helfer bringen für die Rolle des Mediators von Natur aus vielleicht mehr Handicaps als Talente mit. Aber gerade weil dies so ist, haben gut entwickelte Helfer besondere Erfolge in dieser Rolle.

→ Übung

Reflektieren Sie Ihr berufliches Umfeld. Haben Sie in der jüngeren Vergangenheit offene oder verdeckte Konflikte mit einem Vertreter dieses Autopiloten gehabt? Haben Sie (bewusst oder unbewusst) vielleicht wunde Punkte getroffen? Haben Sie Ideen, was Sie konkret tun könnten, um den Konflikt beizulegen?

Profil 3 – Dynamische Erfolgsmenschen im Konflikt-Check

In der Orientierungsphase geben sich Erfolgsmenschen engagiert, kommunikativ und höflich. Mehr als alle anderen Autopiloten des Enneagramms zielen sie darauf ab, einen guten Eindruck beim Gesprächspartner zu hinterlassen. Sie lassen immer wieder dezent durchblicken, welche Kompetenzen und Potenziale in ihnen vorhanden sind. Sie agieren wirkungsorientiert, effektiv und effizient – und sie sind auf positives Feedback aus. Ihre „Who-is-who“-Antennen funktionieren hervorragend und sie verstehen es exzellent, sich bei wichtigen Personen bemerkbar zu machen.

Was Erfolgsmenschen in der Orientierungsphase nicht zeigen, sind ihr Nicht-Wissen und ihr Nicht-Können. Auch ihre ungeduldige und aggressive Seite, wenn sie sich bei der Erreichung eines Ziels oder der Erfüllung einer Aufgabe behindert fühlen, halten sie zurück. Dies kann ihre Sensoren für das Miteinander nachhaltig blockieren und Konflikte auslösen.

Erfahren Erfolgsmenschen in der Orientierungsphase Zuspruch, facht dies ihren Ehrgeiz zusätzlich an. Sie agieren übermotiviert, prahlen und reißen eigenmächtig Aufgaben an sich. In der Irritationsphase sind andere überrascht, wie stark Erfolgsmenschen auf ihr eigenes Vorankommen fixiert sind und wie unsensibel sie reagieren, wenn sie sich eingeschränkt oder behindert fühlen.

Die wunden Punkte von Erfolgsmenschen	Wenn Erfolgsmenschen sich gepiekst fühlen, reagieren sie oft so ...	Wenn man sich ihnen dann nähert, sollte man auf Folgendes achten ...
Wenn sie in die Verliererposition geraten	Sie sprechen kurz und trocken; sie weisen Verantwortung von sich	Lassen Sie sie ausführlich zu Wort kommen und hören Sie geduldig und mit voller Aufmerksamkeit hin
Wenn Sie nicht gut dastehen (Angst vor Imageverlust)	Emotionale Blockade, sie können nicht aussprechen, dass sie gerade wütend sind	Nehmen Sie den Druck aus der Situation und lassen Sie sich Zeit, bevor die Gefühlsebene angesprochen wird

Wenn ihre Leistungen nicht ausdrücklich anerkannt werden	Sie schwanken zwischen Aufplustern und Hilflosigkeit	Trennen Sie Feedback zur Leistung von Feedback zur Person
Wenn sie für die schlechten Leistungen anderer (z.B: Mitarbeiter oder Kollegen) kritisiert werden	Ausflüchte, Scheingründe vorschieben, Verantwortung abwälzen, schlecht über andere reden	Regen Sie Erfolgsmenschen dazu an, sich und das eigene Handeln aus einer neutralen Außenperspektive heraus zu reflektieren

Im Feedbackverhalten sind Erfolgsmenschen zum einen ziel- und ergebnisorientiert, verhalten sich zugleich aber auch taktisch. Sie legen sich auf die erfolgversprechendste Position fest, ändern ihre Meinung aber rasch, wenn ihnen der Wind unerwartet eisig ins Gesicht bläst. Sie sprechen eine Sprache der Erfolgs und des Misserfolgs. Als Empfänger von kritischem Feedback neigen sie dazu, dies zurückzuweisen. Sie können es gut nehmen, wenn es so formuliert ist, dass ihnen das Befolgen einen konkreten Nutzen verspricht. Als Feedbackgeber können Erfolgsmenschen andere zu Höchstleistungen anspornen, mit einem unbedachten Satz aber auch nachhaltig Motivation zerstören. Superlative haben in ihrer Sprache genauso Konjunktur wie ein reichhaltiges Nutzenvokabular.

Erfolgsmenschen sind dann gute Zuhörer, wenn der Sprecher eine wichtige Person für sie ist oder sie sich vom Gespräch einen Nutzen versprechen. Ist dies nicht der Fall, wendet sich ihre Aufmerksamkeit schnell anderen (wichtigeren) Dingen zu. In der Konfliktphase versuchen Erfolgsmenschen unbedingt auf die Siegerseite zu gelangen: Meinungs- und Frontenwechsel sind dabei inklusive. Ist der Gegner greifbar, agieren sie in Konfliktgesprächen mit Biss und Entschlossenheit. Lähmend sind Situationen, in denen Erfolgsmenschen nichts tun können, die sie schlicht aushalten müssen. Fühlen sie sich als Verlierer, machen Erfolgsmenschen sich gern aus dem Staub.

Erfolgsmenschen als Mediator: Gut entwickelte Erfolgsmenschen haben gelernt, in der Rolle des Mediators ihre Ungeduld und ihr hohes Tempo zu zügeln und ihren Blick / ihr Gehör für das Detail zu schärfen. Ihre charismatische Art führt dazu, dass sie schnell selbst zum Mittelpunkt des Geschehens werden. In der Rolle als Mediator wäre dies kontraproduktiv. Informationen während des Prozesses vertraulich zu behandeln, stellt für Erfolgsmenschen eine große Disziplinaufgabe dar. Warum sollte man Informationen denn nicht nutzen, wenn sie doch der Zielerreichung dienen könnten? Erfolgsmenschen sind wahre Meister darin, die Aufmerksamkeit ihres potenziellen Publikums zu binden und aufrecht zu erhalten („Rapportmaschinen"). Dieses Talent lässt sich in der Mediation nutzen, denn sie schaffen es immer wieder spielend, dass die Beteiligten am Ball bleiben. Erfolgsmenschen neigen aber auch dazu, Widerständen mit Druck zu begegnen statt mit Innehalten und Mitfühlen.

Als zielorientierte Menschen sind Erfolgsmenschen eher ergebnis- als prozessorientiert. Diese zweite Fähigkeit weiterzuentwickeln ist für sie ein wichtiges Trainingsfeld: Ganz präsent im Hier und Jetzt zu sein und im Augenblick zu verweilen. Vom Autopiloten her gesehen sind Erfolgsmenschen geborene Interessenvertreter oder Lobbyisten. Daher stellen die Fähigkeiten der Neutralität und Allparteilichkeit ebenfalls ausbaubare Qualifikationen dar. Wie Helfer sind sie nicht unbedingt prädestiniert für die Rolle des Mediators. Wenn sie ihre „Baustellen" jedoch ehrlich und schonungslos aufgearbeitet haben, sind sie gerade deshalb besonders qualifiziert für diese Aufgabe. Erfolgsmenschen, die gelernt haben, sich zurückzunehmen, ohne ihre Ausrichtung zu verlieren, gehören zu den (stillen) Stars der Szene.

→ Übung

Reflektieren Sie Ihr berufliches Umfeld. Haben Sie in der jüngeren Vergangenheit offene oder verdeckte Konflikte mit einem Vertreter dieses Autopiloten gehabt? Haben Sie (bewusst oder unbewusst) vielleicht wunde Punkte getroffen? Haben Sie Ideen, was Sie konkret tun könnten, um den Konflikt beizulegen?

Profil 4 – Anspruchsvolle Ästheten im Konflikt-Check

In der Orientierungsphase geben sich Ästheten große Mühe sich einzufügen, ohne jedoch ihre Individualität aufgeben zu müssen. Sie loten aus, wie viele Freiräume die neue Umgebung bietet, um sich verwirklichen und bei der Arbeit auch unorthodoxe Wege gehen zu können. Auch in dieser sozialen Anfangsphase liegt ihr Aufmerksamkeitsschwerpunkt jedoch beim persönlichen Erleben. Ästheten brauchen das Gefühl der Anerkennung. Am leichtesten fällt ihnen die Integration, wenn man ihnen dieses Gefühl vermittelt, ohne dass sie dafür etwas Besonderes geleistet haben müssen. Dann werden sie zu leistungsfähigen, sozial gut integrierten Teammitgliedern. Ästheten brauchen aber auch eine Bühne, auf der sie (zumindest gelegentlich) ihre besonderen Talente und ihre originellen Ideen darstellen können. Wenn dies der Fall ist, erfüllen sie auch Pflichten und Routinearbeiten zuverlässig.

Was Ästheten in der Orientierungsphase nicht zeigen, sind ihre launenhaften und selbstverliebten Seiten. Diese bringen immer die Gefahr mit sich, dass sie zu exotischen Außenseitern im Team werden.

In der Irritationsphase treten diese Seiten nun immer öfter zu Tage. Andere sind überrascht, wie viel Aufmerksamkeit Ästheten (auf Kosten anderer) auf sich ziehen und wie viele Sonderbehandlungen sie beanspruchen.

Die wunden Punkte von Ästheten	Wenn Ästheten sich gepiekst fühlen, reagieren sie oft so ...	Wenn man sich ihnen dann nähert, sollte man auf Folgendes achten ...
Wenn sie mit ihrer Individualität auf Ablehnung stoßen; geringschätzige Behandlung, von oben herab	Sie reagieren eingeschnappt oder schmollen für jeden sichtbar	Begegnen Sie ihnen auf Augenhöhe; bringen Sie ihre Wertschätzung zum Ausdruck, lassen Sie erkennen, dass Sie die Situation als belastend empfinden
Wenn man sie abwertet oder im Vergleich mit anderen als nicht genügend darstellt	Sie sind außer sich und empören sich über diese Arroganz; oder sie ignorieren den anderen vollkommen	Differenzieren Sie zwischen Kritik an konkretem Verhalten und Kritik an der Person; vermitteln Sie Wertschätzung für die Person („Du bist okay!“)
Alles, was ihren Neid entfacht (in der Regel kein materieller Neid)	Sie beklagen sich über generelle Ungerechtigkeiten, fehlendes Niveau oder mangelnden Stil	Lenken Sie den Blick vom Fehlenden auf das, was Ästheten erreicht haben oder was ihnen gelungen ist
Wenn sie etwas tun sollen, was sie als unstimmig erleben	Sie führen Grundsatzdebatten und weigern sich, Verantwortung zu übernehmen	Lassen Sie ihre Perspektive gelten; legen Sie Gründe und Kriterien offen, warum Sie andere Ziele oder Ergebnisse anstreben bzw. andere Maßstäbe anlegen

Im Feedbackverhalten schwanken Ästheten stark zwischen extremer Gefühlsbetonung und extremer Nüchternheit – mit allen Zwischentönen. Der Fokus liegt jedoch eindeutig auf der emotionalen Seite. Ästheten sind stets darum bemüht, auszudrücken, was sie wirklich fühlen. Sie neigen dabei zu einer Sprache, die reich an ausschmückenden Adjektiven und Adverbien ist. Sie haben eine Vorliebe für die Worte „anders“, „besonders“ und „stimmig“. Sie meiden Gewöhnlichkeit und Normen. In ihrer Stimme schwingt oft ein bedeutungsvoller, zuweilen auch melancholischer Unterton mit. Sie mögen bewertende Sprache nicht, sind aber selbst nicht davor gefeit, eine eben solche zu benutzen.

In der Konfliktphase nimmt ihre Tendenz, in extreme Gegensätze zu verfallen, weiter zu. Im einen Moment klagen Ästheten ihr Leid voller Inbrunst, im anderen beißen sie wie ein in die Enge getriebener Straßenhund um sich. Und im nächsten Moment verkriechen sie sich schamhaft und lecken in aller Stille ihre Wunden. In dieser Phase hilft Ästheten nur die Einsicht, dass es eine realistische Lagebeurteilung braucht, zu der sie allein nicht fähig sind. In Konfliktgesprächen müssen sie ihren Verstand und ihre Kommunikationsbereitschaft stärken. Das hilft dabei, die Neigung zum Dramatisieren zu kontrollieren, den eigenen Anteil am Konflikt zu erkennen und auch den des anderen. Die Sätze „Ich bin okay!“ und „Du bist auch okay!“ ebnen den Weg dahin.

Ästheten als Mediator: Ästheten haben ein Faible für komplizierte, scheinbar aussichtslose Fälle – wenn die Konfliktparteien sich so verhakt haben, dass eine Lösung aussichtslos erscheint. Dann schlägt die Stunde von Ästheten. Sie haben das menschliche Gefühls- und Erfahrungsrepertoire meist schon sehr viel weitgehender erkundet als andere Menschen. Diesen Erfahrungsschatz können sie in Mediationen gut nutzen. Außerdem zeichnet sie aus, dass sie in Extremsituationen, in denen sie nicht als Akteur beteiligt sind (z.B: zwischen den Klienten), ruhig und professionell agieren. Je dramatischer die Situation, desto cooler bleiben sie selbst. Ihre Neigung, komplexe Sachverhalte oder Botschaften in Bildern zu kommunizieren („etwas durch die Blume sagen“) hilft dabei, die Selbstbestimmung der Konfliktparteien zu achten. Jeder entscheidet selbst darüber, was er sich zu eigen machen will. Die Wahrung der Vertraulichkeit stellt für Ästheten dann eine Herausforderung dar, wenn sie etwas als „banal“ oder „niveaulos“ betrachten. Ansonsten sind Informationen bei ihnen in sicheren Händen. Anspruchsvoller sind da schon die Anforderungen der Neutralität und der Allparteilichkeit, denn Ästheten engagieren sich mit Herzblut oder gar nicht. Dies hat zur Folge, dass ihnen manchmal der nötige Abstand zur „realistischen“ Beurteilung der Lage fehlt. Prozessorientierung liegt Ästheten. Aufpassen müssen sie aber, dass sie Klienten nicht (gegen ihren Willen) in intensive schmerzliche Gefühlserlebnisse „pushen“.

Gut entwickelte Ästheten haben gelernt, ihre dramatische, Gefühle übersteigernde Seite zu kontrollieren. Sie pflegen ihre analytisch-rationalen Fähigkeiten ganz bewusst und sind alltagskompatibler geworden. So beweisen sie sich dann in der Rolle als Mediator nicht nur als Star in scheinbar aussichtlosen Fällen, sondern glänzen als unauffälliger, aber effektiver Profi für ganz alltägliche Fälle.

→ Übung

Reflektieren Sie Ihr berufliches Umfeld. Haben Sie in der jüngeren Vergangenheit offene oder verdeckte Konflikte mit einem Vertreter dieses Autopiloten gehabt? Haben Sie (bewusst oder unbewusst) vielleicht wunde Punkte getroffen? Haben Sie Ideen, was Sie konkret tun könnten, um den Konflikt beizulegen?

Profil 5 – Stille Beobachter im Konflikt-Check

Am liebsten würden sich Beobachter in der Orientierungsphase so geben, wie sie sind: zurückhaltend, distanziert und auf sich konzentriert. Doch Beobachter sind auch strategische Menschen. Sicherheit ist ihnen äußerst wichtig. Und solange sie nicht sicher sein können, einen neuen Job auch behalten zu dürfen, ändern sie in der sozialen Anfangsphase (befristet) ihr Verhalten. Sie gehen weiter aus sich heraus, als es ihrem Naturell entsprechen würde, denn es gibt im Arbeitsleben etwas zu gewinnen: „Ich behalte den neuen Job und das geht nur, wenn ich sozial akzeptiert bin." In dieser Phase kann man Beobachter dabei beobachten, wie sie aktiv Small Talk betreiben (der ihnen eigentlich verhasst ist). Sie machen anderen Komplimente (was sie in neun von zehn Fällen Überwindung kostet) und sie stellen anderen persönliche Fragen (was sie sonst nur bei außergewöhnlichem Interesse täten). Was Beobachter in dieser Phase nicht zeigen, sind ihre abweisende Seite, mit der sie oft auf Annäherungen oder Bedrängungen reagieren, ihre egoistische, sicherheitsfixierte Seite und ihre einzelgängerische, teamabgewandte Seite.

Beobachter werden nicht so schnell „warm" mit anderen. Deshalb brauchen sie tendenziell mehr Zeit, um sich in einem neuen Umfeld zu orientieren. Ist die Phase abgeschlossen, treten nun die zurückgehaltenen Seiten in der Irritationsphase zu Tage. Andere reagieren verstört darauf, dass hinter dem freundlichen Interesse und der kommunikativen Art nun eine kalte, abweisende und mit strategischem Kalkül nur die eigenen Interessen verfolgende Seite hervortritt.

Die wunden Punkte von Beobachtern	Wenn Beobachter sich gepiekst fühlen, reagieren sie oft so ...	Wenn man sich ihnen dann nähert, sollte man auf Folgendes achten ...
Indiskretionen, Weitergabe persönlicher Informationen, Tratschen	Sie ziehen sich (äußerlich und innerlich) noch weiter zurück und erzählen gar nichts mehr über sich	Bekunden Sie vorsichtig Ihr Interesse an ihnen, ohne zu bedrängen; bleiben Sie langfristig am Ball; klären Sie im Kontaktfall, für welche Aspekte eines Gespräches Vertrauensschutz erwartet und gewährt wird
Wenn sie überrascht und bedrängt werden; Überfälle und Intimitäten jeder Art	Sie reagieren überfordert (Schockstarre), schalten auf Abwehr („Unmöglich!"), suchen Ausflüchte („Das geht nicht, weil ...") oder platzen bei anhaltender Bedrängnis	Kündigen Sie vorher an, dass Sie mit ihnen sprechen möchten und warum; geben Sie Zeit und Raum, dass Beobachter entscheiden können, ob und wann sie dies erfüllen werden

Situationen, die außer Kontrolle geraten könnten	Sie denken nur noch an sich und raffen alles Überlebensnotwendige zusammen, auch auf Kosten anderer	Sprechen Sie die Sicherheitsbedürfnisse von Beobachtern an und leiten Sie behutsam eine realistische Lagebeurteilung ein
Emotionale Ausbrüche und Entgleisungen von anderen	Ironie und beißender Spott	Gehen Sie rational an die Sache heran, argumentieren Sie nüchtern und logisch

Im Feedbackverhalten sind Beobachter sachorientiert, kontrolliert und emotionsarm. Spontan Feedback zu bekommen überfordert Beobachter leicht, weil ihre Gedanken auf ein anderes Ziel ausgerichtet sind. Lassen Sie sich darauf ein, sind sie konzentrierte Zuhörer, deren Aufmerksamkeitsspanne jedoch begrenzt ist. Als Feedbackgeber formulieren sie knapp und logisch und kommen schnell auf den Punkt. Sie geben nur Informationen weiter, die ihnen zum Verständnis der Situation notwendig erscheinen. Für andere ist das oft zu wenig. Es fehlen die Gründe und Motive für Entscheidungen, Aufträge oder Bitten. Beobachter meiden Wiederholungen und reagieren mitunter genervt, wenn sie nicht beim ersten Mal verstanden wurden. Das ist eigentlich erstaunlich, denn sie selbst haben große Mühe, andere sofort zu verstehen. Beobachter benutzen gern Logikvokabular („deswegen", „woraus folgt" etc.) und schätzen Fremdworte mehr als andere. In Körpersprache und Stimmführung wirken Beobachter oft steif, hölzern und distanziert.

In der Konfliktphase wirken Beobachter in ihrem Verhalten manchmal arrogant und „von oben herab". Aus ihrer Sicht ist „der andere schuld", denn er hat alle offenen und diskreten Hinweise auf sein Fehlverhalten ignoriert. Sie neigen zu strategisch motiviertem Verhalten: Kontaktvermeidung oder geplante Aktionen aus der Deckung heraus, um die Situation zu kontrollieren. Die Gefühle sind bei Beobachtern in Konfliktsituationen noch stärker abgeschnitten als im normalen Alltag schon. Bei ihnen dominiert das Sachohr deutlich das Beziehungsohr. In Konfliktgesprächen wirken sie oft wie ein neutraler Dritter und nicht wie ein persönlich Beteiligter. Ihre Betroffenheit äußert sich in Rückzug und Weglaufen. Das macht andere wütend. Auf emotionale Ausbrüche reagieren Beobachter dann mit Beharren auf der eigenen Position und innerem Kopfschütteln, „wie man sich so gehen lassen kann". Das ist aus ihrer Sicht pure Destruktion. Fühlen sich Beobachter mit dem Rücken an die Wand gedrängt, können sie selbst mit heftiger Wut reagieren, die sie nicht mehr kontrollieren können.

Beobachter als Mediator: Beobachter sind Meister darin, sich nicht vereinnahmen zu lassen. Das ist eine große Stärke in der Rolle als Mediator. Sie wirken oft als Raumöffner oder „Hebammen" bei der Geburt einer Lösung, die aber von den Beteiligten selbst kommt. Beobachter achten die Selbstbestimmung der Beteiligten ganz selbstverständlich, Diskretion ist für sie oberstes Gebot und Neutralität fällt ihnen leicht. Allparteilichkeit ist ein schwierigeres Pflaster für sie, denn sie bedingt Empathie für das, was in den Beteiligten vorgeht und was sie bewegt. Und diese gehört nicht zu ihren Stärken. Sich auf die Prozessverantwortung zu beschränken, ist hingegen wieder eine leichte Übung. Wenn sie sich auf den Prozess voll einlassen, sind Beobachter geniale Mediatoren. Als Ideengeber sind sie schwach. Ob dieses aber überhaupt zu den Aufgaben eines Mediators gehört, darüber gibt es in der Mediatorenszene divergierende Meinungen.

→ Übung

Reflektieren Sie Ihr berufliches Umfeld. Haben Sie in der jüngeren Vergangenheit offene oder verdeckte Konflikte mit einem Vertreter dieses Autopiloten gehabt? Haben Sie (bewusst oder unbewusst) vielleicht wunde Punkte getroffen? Haben Sie Ideen, was Sie konkret tun könnten, um den Konflikt beizulegen?

Profil 6 – Loyale Skeptiker im Konflikt-Check

In der Orientierungsphase legen Skeptiker großen Wert darauf, geltende Konventionen und Gepflogenheiten einzuhalten. Im Fokus ihrer Aufmerksamkeit steht das Streben nach Sicherheit. Ihr Sicherheitsscanner ist immer in Aktion und alle Mitglieder ihres neues Umfelds werden einem Check unterzogen, ob sie vertrauenswürdig sind. Ihr besonderes Augenmerk gilt den „Autoritäten". Dieses Programm läuft hinter einer freundlich-interessierten, offen wirkenden Fassade ab. Die Ergebnisse, was gegen Vertrauen spricht, trudeln auf ihrem „Zentralrechner" schneller und zahlreicher ein, als das, was für Vertrauen spricht. Dies kann dazu führen, dass sich die Orientierungsphase länger streckt als bei den anderen Enneagrammprofilen. Was Skeptiker in dieser Phase nicht zeigen, sind ihre pessimistische Seite, ihre grundsätzlichen Bedenken, die Zweifel an den guten Absichten anderer und ihr „Ja, aber ...".

In der Irritationsphase treten nun diese Seiten zum Vorschein. Andere reagieren verstört, dass da jemand so plötzlich zu bremsen beginnt, auf Details herumreitet, grundsätzlich widerspricht und sich kaum überzeugen oder von einer Meinung abbringen lässt. Diese als Fundamentalopposition empfundene Seite von Skeptikern nehmen andere persönlich, obwohl sie oft gar nicht so gemeint ist.

Die wunden Punkte von Skeptikern	Wenn Skeptiker sich gepiekst fühlen, reagieren sie oft so ...	Wenn man sich ihnen dann nähert, sollte man auf Folgendes achten ...
Wenn man Druck auf sie ausübt, drängelt, sie überreden will	Rückzug oder Angriff, je nachdem, ob es sich um die ängstliche (phobische) oder offensiv gegen Ängste vorgehende (kontraphobische) Ausprägung eines Skeptikers handelt	Geben Sie Raum und Zeit, wenn Skeptiker sich zurückziehen wollen, um ihre Bedenken zu sortieren; bleiben Sie aber mittelfristig am Ball
Wenn jemand mangelndes Pflichtgefühl und Engagement bei Problemen zeigt	Exzessive Analysen und ein Hineinsteigern in extreme Szenarien (der schlimmstmögliche Fall)	Lassen Sie zu, dass Skeptiker sich vollständig mitteilen, auch wenn dies mehr Zeit braucht als erwartet; warten Sie die ganze Argumentationskette ab, bevor Sie einhaken
Machtmissbrauch und fehlende Sicherheit durch Autoritäten (auch schon in minderschweren Fällen)	Sie handeln hochgradig reaktiv und lauernd	Enthalten Sie nichts vor, legen Sie alle Karten auf den Tisch; wiegen Sie alle Argumente sorgfältig auf ihre mögliche Berechtigung hin ab
Wenn man sie beschwichtigt, Probleme verniedlicht oder ihnen Bedenken ausreden will	Sie projizieren ihre eigene Ängste auf den Gesprächspartner und neigen zu Unterstellungen	Seien Sie warmherzig und authentisch; bauen Sie Vertrauen langsam und geduldig wieder auf

Im Feedbackverhalten zeigt sich die Ambivalenz des Autopiloten deutlich. Skeptiker erforschen neben dem Gesagten auch immer das (möglicherweise) Verschwiegene. Wenn sie Feedback bekommen, können sie mit uneingeschränktem Lob oft nicht gut umgehen. Sie suchen dann selbst ein Haar in der Suppe. Alles, was gegen etwas Gesagtes spricht, ist ihnen schneller bewusst als das, was dafür spricht. Als Feedbackgeber holen sie oft weiter aus als nötig. Sie wollen richtig verstanden werden und sind daher möglichst vollständig in ihren Erklärungen. Das strapaziert die Aufmerksamkeit und Konzentrationsfähigkeit des Zuhörers. Skeptiker bilden gern komplizierte Schachtelsätze, die zwar in sich logisch sind, den Zuhörer aber überfordern. Sie rückversichern sich oft, ob der Zuhörer verstanden hat: „Verstehst du, was ich meine?“ Skeptiker neigen zu einer negativen Sprache: Die Worte „kein“, „nicht“ und die Vorsilbe „un-" werden viel benutzt. Ihre Körpersprache und ihre Mimik bringen ihre Zweifel ebenfalls klar zum Ausdruck: Stirnrunzeln, Anspannung im Körper, Kopfschütteln und Augenrollen sind hier häufiger zu beobachten als bei anderen Autopiloten. Sternstunden sind es immer, wenn Skeptiker über das ganze Gesicht strahlen. Das sind Momente unmittelbaren, tiefen Kontakts.

In der Konfliktphase verstärkt sich das ohnehin schon stark ausgeprägte Misstrauen bei Skeptikern: „Du bist nicht ehrlich!", „Du sagst etwas nicht!", „Du drückst dich um Verantwortung!" Mit diesen inneren Sätzen gießen sie Öl ins Feuer des Konflikts. Durch den fehlenden Abgleich mit der Realität verstärken sich die Szenarien in ihren Köpfen weiter. Wenn aber alle Karten auf dem Tisch liegen, auch wenn sie noch so schmerzen, erweisen sich Skeptiker als ungewöhnlich patente und gutwillige Problem- und Konfliktlöser. Dies ist ein Zug, mit dem sie andere immer wieder überraschen. In Konfliktgesprächen insistieren sie besonders hartnäckig auf einer einmal bezogenen Position. Sie sind auf Rundumabsicherung aus. Alle Ebenen werden dabei berücksichtigt (Konsequenzen auf der sachlichen oder juristischen Ebene genauso wie die Beziehungsebene). Skeptiker beginnen Sätze besonders oft mit dem Wort „weil".

Skeptiker als Mediatoren: Ihre Art, Dinge aus allen möglichen Perspektiven zu betrachten, lässt sich in der Rolle als Mediator gut nutzen. Sie haben Verständnis für beide Konfliktparteien und dafür, wie unangenehm die Situation für beide sein muss. Aus diesem Verständnis heraus bringen sie oft gute Ideen oder Perspektiven für eine Konfliktlösung ein. Die bohrende Art zu fragen kann dazu führen, dass Skeptiker im Mediationsprozess Haltesignale von Klienten übersehen oder übergehen. Hier müssen sie aufpassen. In Sachen Wahrung der Vertraulichkeit sind sie top. Es besteht aber ein Risiko bei Skeptikern, sich mit der vermeintlich schwächeren Seite zu solidarisieren. Dies kann den Prozess gefährden. Skeptiker können in Problemsituationen, in denen alle leiden, viel Empathie aufbringen. Das macht sie zu guten Anwälten der Allparteilichkeit. Skeptiker müssen auch darauf achten, nicht zu viel Verantwortung für die Konfliktlösung zu übernehmen. Finden die Konfliktparteien jedoch eine Lösung, sind Skeptiker Meister darin, diese auch in konkrete Vereinbarungen münden zu lassen. Das entspricht ihrem starken Sicherheitsbedürfnis.

→ Übung

Reflektieren Sie Ihr berufliches Umfeld. Haben Sie in der jüngeren Vergangenheit offene oder verdeckte Konflikte mit einem Vertreter dieses Autopiloten gehabt? Haben Sie (bewusst oder unbewusst) vielleicht wunde Punkte getroffen? Haben Sie Ideen, was Sie konkret tun könnten, um den Konflikt beizulegen?

Profil 7 – Lebensfrohe Optimisten im Konflikt-Check

Optimisten zeigen in der Orientierungsphase am deutlichsten ihr positives Selbstbild: optimistisch, liebenswert, unkompliziert, ideenreich und flexibel. Sie bieten sich an durch ihre Vielseitigkeit und ihre schnelle Auffassungsgabe. Es gibt eben nichts, was es nicht gibt bei Optimisten. Obwohl sie nicht so wirken, sind Optimisten im Erstkontakt oft schüchtern. Ihre Neugierde lässt sie die Hürde jedoch meistens bald nehmen. Optimisten begegnen ihrer Verunsicherung und ihren Ängsten in der Orientierungsphase mit zwei Haltungen: „Alles wird gut!“ oder „Wenn ich hier nicht glücklich werde, dann eben woanders“.

Was Optimisten in dieser Phase nicht zeigen, sind ihr mangelndes Durchhaltevermögen bei Langeweile oder Routinearbeiten, ihre mangelnde Verbindlichkeit (durch das Offenhalten von Optionen bis zum letzten Moment) und ihre harte und strenge Seite (wenn die Dinge nicht so laufen, wie sie wollen, oder wenn es keine Hintertürchen mehr gibt).

Werden diese Seiten in der Irritationsphase offensichtlich, reagieren andere meist verstört, dass sich da jemand auf Kosten anderer verdrückt, wenn es keinen Spaß mehr macht, oder knallhart und egoistisch reagiert, obwohl er immer vorgab, alles spielerisch und kollegial zu nehmen.

Die wunden Punkte von Optimisten	Wenn Optimisten sich gepiekst fühlen, reagieren sie oft so …	Wenn man sich ihnen dann nähert, sollte man auf Folgendes achten …
Wenn sie langweilige, monotone oder Routinearbeiten erledigen müssen	Sie wenden sich einem neuen, spannenden Thema zu und schieben die lästige Pflicht auf oder anderen zu	Begründen Sie, warum Sie im konkreten Fall Disziplin und Fügung verlangen; machen Sie deutlich, dass Sie hier alle gleich behandeln
Vorschriften und Maßregelungen	Sie entziehen sich durch Kontaktvermeidung, versuchen, die unangenehme Botschaft abzumildern, oder wehren sich ganz entschieden („Nicht mit mir!“)	Erklären Sie, was der Sinn der Vorschriften und Regeln ist und warum es notwendig ist, dass sich alle daran halten; begründen Sie auch den Sinn der Einhaltung im konkreten Fall
Negative Sprache, pessimistische Grundeinstellung und Fixierung auf Probleme	Sie reagieren genervt und machen Vorwürfe	Bemühen Sie sich um eine Ausrichtung auf eine Lösung und positive Formulierungen; begründen Sie genau, warum Sie die Problemanalyse noch fortsetzen

Wenn sie hart, ohne Vorwarnung und öffentlich kritisiert werden	Sie (er)finden tausend Gründe, warum sie nicht schuld sind (Rationalisierung)	Seien Sie aufrichtig und direkt in der Sache, vermitteln Sie schmerzhafte Botschaften aber auf schonende Art

Im Feedbackverhalten sind Optimisten kommunikativ und wendig. Sie sind gute Zuhörer, solange sie interessiert oder neugierig sind. Sie schalten sich jedoch bald in das Gespräch ein, um ihre Assoziationen zum Thema beizutragen. Positives Feedback bekommen Optimisten gern, obwohl sie nicht wirklich davon abhängen. Trotzdem haschen sie danach: „Das war genial, nicht?" Sie fordern zwar Ehrlichkeit, schätzen es aber, wenn sich der Sender darum bemüht, Kritik möglichst schonend zu vermitteln. Sonst relativieren sie die „bittere Pille" selbst oder formulieren sie so um, wie sie sie gut nehmen könnten. Nur wenn sich Optimisten sicher in einer Beziehung fühlen, vertragen sie ungeschminktes, direktes kritisches Feedback – und das auch nur unter vier Augen. Sie neigen dazu, positives Feedback euphorisch, übertrieben und unkonkret zu geben. Superlative und ausschmückende Adjektive und Adverbien geben dem Empfänger das Gefühl, dass es so nicht angemessen ist. Bei kritischem Feedback eiern Optimisten oft herum. Sie deuten an oder sagen Dinge durch die Blume. Dies sorgt für Irritationen. Auch neigen sie zu Vorgeplänkel, bei dem sich der Empfänger fragt, was dies mit der Sache zu tun hat. Ihre Körpersprache und Mimik ist gestenreich, ihr Sprechtempo schnell. Sie strahlen oft, wenn sie etwas erzählen und lachen gern und viel.

Sich auf Konflikte einzulassen kostet Optimisten einiges an Überwindung. Wenn sie es aber in der Konfliktphase tun, dann drängen sie auf unmittelbare Klärung und Lösung. Sie wollen nicht länger warten (leiden) als nötig. Tut ihnen eine Botschaft weh, reagieren sie oft mit Rationalisierungen („Das ging nicht, weil ...", „Das war nicht ich, sondern ..."). Fühlen sie sich bedrängt, reagieren sie zunächst mit Flucht oder Verdrängung. Ist dies nicht möglich, werden sie sehr wehrhaft. Geraten sie in Konfliktgesprächen in die Verteidigungshaltung, sind sie schlechte Zuhörer. Sie verniedlichen („Das ist doch wohl nicht so schlimm", „Das hat doch wohl auch seine guten Seiten") oder blocken ab („Okay, das ist deine Meinung"). Die eigentliche Botschaft ist: „Ich will keine weitere Diskussion". Es empfiehlt sich, mit Optimisten vor Konfliktgesprächen über Sicherheitsregeln, Vertraulichkeit und Tabus zu sprechen.

Optimisten als Mediatoren: Optimisten versuchen, eine möglichst entspannte, einladende Gesprächsatmosphäre zu schaffen. Sie sorgen dafür, dass der Prozess nicht mehr „Schwere" hat als nötig. Sie schauen nicht nur auf die Probleme, sondern richten ihr Augenmerk rasch auch auf Potenziale und Lösungen. Dieser Funke kann auf die Konfliktparteien überspringen, aber auch als voreilig empfunden werden. Optimisten achten die Selbstbestimmung der Konfliktparteien, weil das ihrem Freiheitsbedürfnis entspricht. Zu viel Ideeninput ihrerseits kann aber kontraproduktiv wirken. Vertraulichkeit ist ihnen wichtig. Sie müssen jedoch aufpassen, sich im Überschwang nicht zu verplappern. Die Wahrung der Neutralität fällt ihnen schwer, wenn sie es mit Bremsern und Blockierern zu tun haben. Es besteht die Gefahr, sich mit dem Lösungsorientierten zu solidarisieren. Ihr Wille zur Allparteilichkeit ist groß und diese Aufgabe meistern sie gut, wenn sie empathisch agieren und nicht zu sehr in ihrer Gedankenwelt verhaftet sind. Optimisten sind prozessorientiert. Haben sie ein gutes Timing für das Einbringen von Lösungsideen, erweisen sie sich als hervorragende Mediatoren.

→ Übung

Reflektieren Sie Ihr berufliches Umfeld. Haben Sie in der jüngeren Vergangenheit offene oder verdeckte Konflikte mit einem Vertreter dieses Autopiloten gehabt? Haben Sie (bewusst oder unbewusst) vielleicht wunde Punkte getroffen? Haben Sie Ideen, was Sie konkret tun könnten, um den Konflikt beizulegen?

Profil 8 – Willensstarke Kämpfer im Konflikt-Check

In der Orientierungsphase geben sich Kämpfer offen, zupackend, direkt, klar, geradlinig und kontaktfreudig. Sie sind darauf aus, die Machtstrukturen im neuen System zu erkennen. „Wer hat hier etwas zu sagen? Wer ist kompetent? Wer verdient meinen Respekt? Vor wem nehme ich mich besser in Acht? Wer hat hier welche Schwächen?" Das sind Fragen, die Kämpfer umtreiben. Dabei sondieren sie das Terrain zurückhaltend und freundlich. Ihr großes Energie- und Leistungspotenzial wird bereits in dieser frühen Phase sichtbar, auch wenn sie es noch stark unter Kontrolle halten. Relativ gesehen ist die Orientierungsphase wohl bei keinem Autopiloten so schnell vorüber wie bei Kämpfern. Sie haben eine schnelle Auffassungsgabe, einen zuverlässigen Instinkt und ein großes Vertrauen in ihr eigenes Urteil.

Was sie in dieser Phase nicht zeigen, sind ihre provozierende Art, ihre vorlaute Seite (sie haben gern das letzte Wort), ihre unnachgiebige und kompromisslose Seite, ihre grenzüberschreitende und verletzende Art und ihr Schwarz-Weiß-Denken.

In der Irritationsphase werden diese Seiten nun offensichtlich. Manche Menschen fühlen sich vor den Kopf gestoßen, dass sich da jemand so rücksichtslos auf Kosten anderer durchsetzt und mit so wenig Taktgefühl spricht und handelt. Die polternde Art von Kämpfern erschreckt vor allem sensible und introvertierte Menschen.

Die wunden Punkte von Kämpfern	Wenn Kämpfer sich gepiekst fühlen, reagieren sie oft so ...	Wenn man sich ihnen dann nähert, sollte man auf Folgendes achten ...
Ungerechtigkeiten (auch wenn sie selbst gar nicht betroffen sind)	Sie gehen in die Höhle des Löwen und fordern ihn heraus; exzessive Wutausbrüche sind genauso möglich wie extreme Kontrolle	Seien sie ehrlich und direkt; vermeiden Sie jedoch alles, was zur Eskalation führen könnte
Wenn man sie täuscht, hintergeht oder belügt	Der „Täter" muss sich auf eine schonungslose Abrechnung einstellen; eine zweite Chance gibt es in diesem Fall nur selten; auch Rache ist möglich	Solange Kämpfer noch im Affektzustand sind, sollte man sich ihnen am besten gar nicht nähern; warten Sie, bis die erste Wut verraucht ist
Feigheit oder Prahlerei; wenn jemand einknickt und kein Rückgrat beweist	Kontaktvermeidung; ein Tritt in den Allerwertesten wäre noch eine freundliche Reaktion; man muss auf jeden Fall mit Verachtung rechnen	Laden Sie dazu ein, gemeinsam die Motive von Menschen zu ergründen, die sich so verhalten
Wenn jemand keine Verantwortung für sein (fehlerhaftes) Handeln übernimmt oder sie auf andere abwälzt	Sie stellen den „Täter"; wenn Kämpfer ganz leise sprechen, sind sie besonders gefährlich	Wenn Sie einen Fehler begangen haben, müssen Sie diesen ohne Wenn und Aber einräumen und Reue zeigen; klären Sie die gegenseitigen Verantwortlichkeiten (und deren Grenzen)

Im Feedbackverhalten sind Kämpfer vor allem bestrebt, die Oberhand zu behalten oder zumindest die Aussicht darauf. Als Feedbackempfänger sind sie dann gute Zuhörer, wenn sie den Sender respektieren und achten. Ansonsten fallen sie dadurch auf, dass sie unterbrechen und das Gespräch an sich reißen. Fehlt es ihnen an Einsicht oder gutem Willen, sind sie harte Brocken. Selbst wenn alle anderen der Meinung sind, dass der Kämpfer einen Fehler gemacht hat, bedeutet dies noch lange nicht, dass Kämpfer sich dem fügen. Sie kämpfen manchmal auch noch in aussichtslosen Fällen weiter – und verkämpfen sich. Als Feedbackgeber sind Kämpfer klar und deutlich. Der

Empfänger merkt es sofort, wenn er etwas falsch gemacht hat. Missverständnisse entstehen dadurch, dass Kämpfer in der Wortwahl, im Tonfall und der Lautstärke immer wieder über das Ziel hinausschießen – ohne dies zu merken – zu krass, zu aggressiv, zu laut.

In der Konfliktphase gibt es zwei unterschiedliche Handlungsoptionen bei Kämpfern: Entweder sind sie überzeugt, dass ihnen nichts Schlimmes passieren kann, dann kämpfen sie mit wehender Standarte und offenem Visier. Sie sind dann auch bereit, im Kampf unterzugehen. Bei der zweiten Option haben sie Gefahr gewittert und beginnen, sich taktisch und strategisch zu verhalten. Sie überlegen, bevor sie handeln, und warten mit einer eigentlich untypischen Geduld auf den Moment, in dem sie zuschlagen. Während Kämpfer sonst eher poltern (man sieht und hört sie!), sprechen sie in diesem Zustand langsam und leise. Ihre Augen verengen sich zu Schlitzen. In diesem Zustand sind sie brandgefährlich.

Kämpfer als Mediatoren: Man könnte jetzt meinen, dass sich Menschen mit einer so großen Präsenz und Neigung zur Dominanz nicht für die Rolle eines Mediators eignen. Das hieße jedoch, Kämpfer in ihrer Lern- und Anpassungsfähigkeit und ihrer Empfindsamkeit zu unterschätzen. Selbstbestimmung ist das zentrale Grundbedürfnis bei Kämpfern. Deshalb achten sie im Mediationsprozess normalerweise stark darauf, diese bei ihren Klienten zu respektieren. Gleichwohl passiert es ihnen immer wieder, dass sie zu viel Druck machen, um vorwärtszukommen. Die Vertraulichkeit zu wahren fällt Kämpfern nicht schwer, vorausgesetzt, es wurde geklärt, auf welche Punkte sie anzuwenden ist. Sich neutral zu verhalten ist für Kämpfer eine Anforderung, die sehr viel Übung braucht. Sie beziehen so schnell innerlich Position „für" oder „gegen", dass es hier geduldige Anstrengungen braucht. Die Allparteilichkeit zu wahren gelingt ihnen gut, wenn sie mit ihrer einfühlsamen, empathischen Seite in Kontakt sind, die viele bei ihnen gar nicht vermuten, die jedoch ihre liebenswerteste und „stärkste" Seite ist. Sich auf die Prozessverantwortung zu fokussieren statt auf die Lösungsverantwortung, ist ebenfalls eine große Herausforderung für sie. Kämpfer, die sich ihrer eigenen Verletzlichkeit bewusst sind und es offen nach außen zeigen, wenn sie sich ohnmächtig, klein oder unterlegen fühlen, haben gelernt, sich zu fügen. Sie kämpfen nur noch dann, wenn es sich wirklich lohnt. Gut entwickelte Kämpfer haben das Zeug zu außergewöhnlich erfolgreichen Mediatoren.

→ Übung

Reflektieren Sie Ihr berufliches Umfeld. Haben Sie in der jüngeren Vergangenheit offene oder verdeckte Konflikte mit einem Vertreter dieses Autopiloten gehabt? Haben Sie (bewusst oder unbewusst) vielleicht wunde Punkte getroffen? Haben Sie Ideen, was Sie konkret tun könnten, um den Konflikt beizulegen?

Profil 9 – Friedvolle Vermittler im Konflikt-Check

In der Orientierungsphase geben sich Vermittler besonders pflegeleicht. Sie sind aufgeschlossen, flexibel und gutmütig. Das Bestreben, einen guten Eindruck im neuen Umfeld zu hinterlassen, kommt hier vielleicht am unauffälligsten daher. Vermittler mögen es nicht, im Mittelpunkt zu stehen. Sie geben sich große Mühe, nicht aufzufallen, auch nicht im positiven Sinn. Vermittler haben einen starken Teamgeist, eine große Empathiefähigkeit und gute Stimmungssensoren. Ist die Stimmung im neuen Umfeld gut, fühlen sie sich recht schnell integriert. Ist dies nicht der Fall, bekommen sie Bauch- oder Kopfschmerzen, ohne den konkreten Grund jedoch benennen zu können.

Was Vermittler in dieser Phase nicht zeigen, ist ihre phlegmatische, unentschlossene Seite, ihr Trotz und ihre Sturheit, wenn ihnen etwas nicht passt und ihre passiv-aggressive Art, mit Konflikten umzugehen. Auch ihren Ehrgeiz verstecken sie gut.

In der Irritationsphase treten diese Seiten nun zu Tage. Andere sind überrascht, wie unwillig und unkooperativ sich da jemand unter Druck verhält. Da wird doch absichtlich gebremst, gebummelt und auf ahnungslos gemacht – oder?

Die wunden Punkte von Vermittlern	Wenn Vermittler sich gepiekst fühlen, reagieren sie oft so ...	Wenn man sich ihnen dann nähert, sollte man auf Folgendes achten ...
Druck, Gängelung, Zwang sowie Störungen der Harmonie	Sie schweigen, obwohl sie innerlich kochen und reagieren mit Trotz und Sturheit auf Ansprache	Signalisieren Sie Ihr Interesse; fragen Sie indirekt und ohne Druck nach ihrem Ärger
Grobheit, laut werden, aggressives Verhalten	Sie meiden den Kontakt so gut es geht, sagen dann auch schon mal direkt, aber immer noch freundlich, was ihnen nicht passt	Hören Sie vollständig zu; geben Sie keine direkten Ratschläge
Wenn man sie ignoriert, übergeht oder ihnen nicht zuhört	Ihre Aggressionen verlagern sich auf Boykott oder exzessive Ersatzhandlungen, oft mit betäubendem Charakter (essen, fernsehen etc.)	Vermitteln Sie, dass es okay ist, sich abzugrenzen, gut auf sich zu achten und „stopp" oder „nein" zu sagen; fragen Sie nach, wo dies vielleicht versäumt wurde

Wenn man sie ausnutzt oder manipuliert	Wenn verharmlosen nichts mehr hilft und sie sich mit dem Rücken zur Wand stehend fühlen, kann ihre Wut in einen Vulkanausbruch münden; auch Kontaktabbruch ist möglich (passiert sehr selten)	Fragen Sie, durch welches Verhalten ein Vermittler vielleicht dazu einlädt, ausgenutzt oder manipuliert zu werden; zeigen Sie Möglichkeiten auf, wie sie gut für sich sorgen können; bleiben Sie offen für alternative Sichtweisen

Im Feedbackverhalten sind Vermittler sanft und diplomatisch. Als Empfänger von Feedback gehen sie erst einmal davon aus, dass der Sender gute Gründe für sein Feedback und wahrscheinlich Recht mit seiner Meinung hat. Sie neigen als Empfänger von kritischem Feedback dazu, die Schuld ungeprüft auf sich zu laden. Über positives Feedback freuen sie sich zwar, sie relativieren es aber meist, denn sie sind bescheiden und fühlen sich nicht gern herausgehoben. Aus ihrer Sicht ist das Team der Star. Kritisches Feedback zu geben, fällt Vermittlern schwer. Sie müssen Anlauf nehmen und verpassen dabei den richtigen Zeitpunkt (zu spät). Sie versuchen, den Empfänger der Botschaft zu schonen und formulieren ihr Feedback so sanft, dass dem Angesprochenen die wirkliche Tragweite oder die Konsequenzen gar nicht bewusst werden. Vermittler äußern Kritik oft mit einem Lächeln, obwohl es ihnen ganz ernst ist. Dies irritiert. Vermittler müssen lernen, direkter, klarer und zeitnah kritisches Feedback zu geben. Wenn sie selbst das Gefühl haben, zu hart gewesen zu sein, dann ist es meist genau die richtige Dosis.

Vermittler verhalten sich in der Konfliktphase zu passiv. Sie lassen Dinge laufen, obwohl sie wissen, dass sie handeln bzw. etwas sagen sollten. Dieses Verdrängen oder Aussitzen macht den Konfliktpartner noch wütender, denn er fühlt sich ignoriert und kaltgestellt. Vermittler müssen lernen, in Konflikten Kämpferqualitäten zu entwickeln, ohne ihre konstruktive und kompromissbereite Haltung dabei zu verlieren. Sprachlich ist es wichtig, kürzere Sätze zu formulieren, am besten nur noch Hauptsätze. Auch auf Weichmacher („manchmal", „ein bisschen" etc.) sollten sie verzichten. Bringt der berühmte Tropfen das Fass zum Überlaufen, neigen Vermittler zu Überreaktionen. Der Konfliktpartner wird dann für Dinge verantwortlich gemacht, die ganz andere Menschen zu verantworten haben, die der Vermittler aber seinerzeit heruntergeschluckt hatte.

Vermittler als Mediatoren: Vermittler sind exzellente Zuhörer und verfügen über großes Einfühlungsvermögen. Beides sind Fähigkeiten, die in der Rolle des Mediators Gold wert sind. Sie achten die Selbstbestimmung der Konfliktparteien ganz konsequent, denn dieses Thema ist für sie selbst besonders schutzbedürftig. Vertraulichkeit ist ihnen ganz wichtig. Sie müssen sich jedoch immer wieder konzentrieren, dass ihnen nicht doch ein Wort zur falschen Zeit am falschen Ort herausrutscht. Vermittler geben den Konfliktparteien das Gefühl, verstanden und gut aufgehoben zu sein. Vermittler sind Meister darin, die Anforderungen der Neutralität und Allparteilichkeit zu erfüllen. Sie können sich vollständig auf den laufenden Prozess konzentrieren und ihre Geduld erscheint schier unbegrenzt, auch wenn der Prozess stockt. Aufgrund ihrer „natürlichen Ausstattung" sind Vermittler geradezu geborene Mediatoren, die, wenn sie konsequent an ihren Schwachstellen arbeiten, die unumstrittenen Stars in der Szene sind. Das würden sie selbst aber nicht so sehen, geschweige denn öffentlich so formulieren.

→ Übung

Reflektieren Sie Ihr berufliches Umfeld. Haben Sie in der jüngeren Vergangenheit offene oder verdeckte Konflikte mit einem Vertreter dieses Autopiloten gehabt? Haben Sie (bewusst oder unbewusst) vielleicht wunde Punkte getroffen? Haben Sie Ideen, was Sie konkret tun könnten, um den Konflikt beizulegen?

→ Vorschläge für die Übung aus Kap. 3.4 „Nachfragen"

Bestimmen Sie bei den folgenden Sätzen, welches sprachliche Muster ausgelassener Informationen Sie erkennen. Wie würden Sie die fehlenden Informationen erfragen?

	Satz	Nachfrage
1.	„Ich bekomme keine Anerkennung von Frau Mall."	„Wie möchten Sie denn gern anerkannt werden?" (Nominalisierung)
2.	„Unser Abteilungsleiter schätzt unsere Arbeit nicht."	„Woher wissen Sie das so genau?" (Gedanken lesen)
3.	„Niemand unterstützt mich bei meiner Arbeit. Immer muss ich alles allein machen."	„Es gibt absolut niemanden, der Sie jemals unterstützt hat?" (Generalisierung)
4.	„Sie sagen ja gar nichts; es interessiert Sie wohl nicht."	„Wieso meinen Sie, dass es mich nicht interessiert, wenn ich nicht gleich etwas dazu sage?" (Gleichsetzung unterschiedlicher Sachverhalte)
5.	„Über einen Freizeitausgleich wegen der geleisteten Überstunden kann ich mit meinem Chef nicht reden."	„Was hindert dich daran?" bzw. „Was würde sonst passieren?" (Behauptung der Unmöglichkeit)

Literaturverzeichnis

- Benien, Karl: Schwierige Gespräche führen. Modelle für Beratungs-, Kritik- und Konfliktgespräche im Berufsalltag, Reinbek 2003.
- Besemer, Christoph: Mediation. Die Kunst der Vermittlung in Konflikten, Karlsruhe 2010.
- Böhme, Margit: Mobbing. So wehren Sie sich gegen Anfeindungen im Job, München 2009.
- Bühring-Uhle, Christian; Eidenmüller, Horst; Nelle, Andreas: Verhandlungsmanagement. Analyse – Werkzeuge – Strategien, München 2009.
- Cicero: De oratoe / Über den Redner, Stuttgart 1976.
- Dux, Günter: Die Spur der Macht im Verhältnis der Geschlechter. Über den Ursprung der Ungleichheit zwischen Frau und Mann, Frankfurt a. M. 1992.
- Esser, Axel; Wolmerath, Martin: Mobbing und psychische Gewalt. Der Ratgeber für Betroffene und ihre Interessenvertreter, Frankfurt a. M. 2011.
- Goffman, Erving: Interaktionsrituale. Über Verhalten in direkter Kommunikation, Frankfurt a. M. 1986.
- Goffman, Erving: Wir spielen alle Theater. Die Selbstdarstellung im Alltag, München 2009.
- Grötzebach, Claudia: Vorsicht! Manipulation. Unfaire Dialektik erkennen und ihr wirkungsvoll begegnen, Berlin 2007.
- Habermas, Jürgen: Theorie des kommunikativen Handelns. Band 1: Handlungsrationalität und gesellschaftliche Rationalisierung, Frankfurt a. M. 1995.
- Hirigoyen, Marie-France: Mobbing. Wenn der Job zur Hölle wird, München 2007.
- Holler, Ingrid: Trainingsbuch Gewaltfreie Kommunikation. Abwechslungsreiche Übungen für Selbststudium, Seminare und Übungsgruppen, Paderborn 2008.
- Jiranek, Heinz; Edmüller, Andreas: Konfliktmanagement. Konflikten vorbeugen, sie erkennen und lösen, Planegg 2007.
- Kiesow, Hans: Kündigungsgespräche, Frankfurt 2004.
- Köstler, Anja: Mediation, München 2010.
- Kreggenfeld, Udo: Verhandeln 2. Systemische Verhandlungskompetenz für eine komplexe Welt, Berlin 2010.
- Rhode, Rudi; Meis, Mona Sabine: Wer schreit, hat schon verloren! Körpersprache und Verhaltensweisen verstehen und richtig einsetzen, München 2010.
- Rosenberg, Marshall B.: Gewaltfreie Kommunikation. Eine Sprache des Lebens, Paderborn 2005.
- Roth, Gerhard: Fühlen, Denken, Handeln. Wie das Gehirn unser Verhalten steuert, Frankfurt a. M. 2001.
- Ruppert, Franz: Berufliche Beziehungswelten. Das Aufstellen von Arbeitsbeziehungen in Theorie und Praxis, Heidelberg 2001.
- Salzwedel, Martin; Tödter, Ulf: Führen ist Charaktersache – Überzeugen durch Authentizität und soziale Kompetenz, Berlin 2008.

- Schulz von Thun, Friedemann: Miteinander reden: Fragen und Antworten, Reinbek 2007.
- Stahl, Eberhard: Dynamik in Gruppen. Handbuch der Gruppenleitung, Weinheim 2002.
- Thomann, Christoph: Klärungshilfe 2. Konflikte im Beruf, Reinbek 2010.
- Tödter, Ulf; Werner, Jürgen: Erfolgsfaktor Menschenkenntnis, Berlin 2006.
- Wardetzki, Bärbel: Mich kränkt so schnell keiner! Wie wir lernen, nicht alles persönlich zu nehmen, München 2010.
- Wawrzinek, Ursula: Geht's noch?! Vom Umgang mit sturen Eseln und beleidigten Leberwürsten – Wie Sie Konflikte kreativ lösen, München 2009.
- Werner, Jürgen; Tödter, Ulf: Überzeugen – die Kunst, andere zu gewinnen, Berlin 2009.
- Werner, Jürgen; Tödter, Ulf: Kommunikation. Wirkungsvoll miteinander sprechen, Berlin 2010.
- Wolf, Doris: Ab heute kränkt mich niemand mehr. 101 Power-Strategien, um Zurückweisung und Kritik nicht mehr persönlich zu nehmen, Mannheim 2003.
- Wyrwa, Holger: Mobbt die Mobber! So setzen Sie sich gekonnt zur Wehr, München 2006.

Stichwortverzeichnis

Typen-Versteher

Persönlichkeitsprofile auf der Basis des Enneagramms

Gute Menschenkenner verstehen die Äußerungen von anderen so, wie sie gemeint sind. Sie vertrauen im Alltag nicht dem ersten Eindruck, sondern haben ihr „Schubladensystem" zunehmend verfeinert. Das erfordert Empathie und Perspektivenwechsel. Dieses Audiotraining schult die Wahrnehmung und bringt den Nutzern neun grundlegende Persönlichkeitsprofile näher.

Ulf Tödter/Jürgen Werner
Erfolgsfaktor Menschenkenntnis – Enneagramm im Business
Arbeitsbuch mit 64 Seiten + Audio-CD,
Laufzeit 70 min
ISBN 978-3-589-24008-1

Weitere Informationen zum Programm erhalten Sie im Buchhandel oder im Internet unter **www.cornelsen.de/berufskompetenz**

Cornelsen Verlag • 14328 Berlin
www.cornelsen.de

Cornelsen